シェールガスの真実

—革命か、線香花火か？—

藤田 和男＋吉武 惇二

石油通信

石油通信社新書
001

シェールガスの真実―革命か、線香花火か？―　目次

はじめに

二〇一一年三月一一日に発生した東日本大震災とそれに伴う大津波により、「原発神話」はもろくも崩れ去りました。そして、わが国の電源の三割弱を供給していた原子力発電が全て停止する事態となり、現在では、その代替電源を何にするかが、喫緊の命題となっています。世界の一次エネルギー消費において依然として九割も占めている石炭、石油、天然ガスといった化石燃料の中にあって、天然ガスは二酸化炭素（CO_2）排出量が石炭の六割程度と比較的少ないことから、これからの低炭素社会で、速効性がある原発代替電源の切り札とならざるを得ないでしょう。

折しも米国で非在来型ガスのシェールガスやタイトサンドガス開発が急激に加速しました。特に「シェールガス」の生産量は二〇〇七年頃から急増し、二〇一一年に至っては二二二〇億m^3と日本の液化天然ガス（ＬＮＧ）輸入量の二倍に匹敵する量に達し、全米天然ガス生産量の三分の一を占めるに至っています。この様な過剰な天然ガスの供給量が、米国内の天然ガス価格を百万ＢＴＵ（英国熱量単位）当たり三ドル台に急落させてしまいました。　このようなトレンドに乗って電力会社や、化学、鉄鋼会社など電力多消費型産業界は、発電源を石炭から天然ガスへシフトさせる動きが始まっています。また、石油化学業界でもナフサから天然ガスへ原料転換の動きが出始めています。ナフサからシェールガスへ転換すると、原料費が約二〇分の一に節約できるため、ガスプラントの新設計画が続出しています。また、シェールガスの生産現場でも、生産ガスからエタンやプロパンを現場で分離回収し販売するプラントの増設がラッシュとなっております。この様にエネルギー多消費型産業で低価格の天然ガスへ燃料転換が加速しているのです。

極め付きは、需給がダブついている米国産シェールガスをＬＮＧに液化し、アジアや欧州市場へ輸出するプロジェクトが急増していることです。二〇一三年五月に日本向けＬＮＧ計画が初めて認可され、ますます現実味を帯びて来ました。メディアは、この様な産業構造が根底から変革するかもしれない動きを、「シェールガス革命」と呼び、最近ではシェールオイルも含めて、単に「シェール革命」と呼んでいます。また、国際エネルギー機関（ＩＥＡ）や米国エネルギー省のエネルギー情報局（ＥＩＡ）は、このような傾向を捉え、二一世紀は天然ガスのGolden Ageになると予測しています。

本書の刊行はこうした機運を捉えて、米国のシェールガスやタイトオイルの開発現況を分析し、世界のＬＮＧ需給と価格に及ぼすインパクトや「シェールガス革命」による世界の産業構造の変化について解りやすく論評するとともに、水圧破砕法などによる環境問題の台頭や、この革命がバブルに終わりかねない動きなど負の側面にも言及し、光と陰、両面に迫りました。さらに、シェールなどの非在来型資源とともに、なお中東に多く埋蔵されている重質原油など在来型資源の可能性についても触れています。読者の皆様が、シェールガス革命のもたらす影響や波及効果を深く認識していただければ、筆者としてこれほど幸せなことは有りません。

なお、本書は、石油通信社が六〇周年を迎えるに先立ち記念となる新書版の創刊を企画したもので、構想段階から、編集・出版にわたり、斉藤知身記者が、私たち執筆者を叱咤激励して協力して頂きました。ここに上梓出来たことに心から御礼申し上げます。

二〇一三年一一月

テキサス州オースティン市にて

藤田　和男

第一章　非在来型資源とは何か

第一節　在来型と非在来型資源の違い

そもそも資源の定義は？　非在来型の意味

二〇世紀は石油の時代と言われました。これまで地球上に埋蔵されている石油や天然ガスなどの化石燃料は、中東の砂漠など、それが埋蔵されている場所で掘削すれば、地下の圧力により自ら噴き出ました。これを「自噴」による石油の一次回収と呼びます。少し乱暴な言い方ですが、地殻に隠れている油田やガス田に地表から穴を掘れば自ら噴き出てくるわけですから、ある意味で、もしも掘り当てればいとも簡単に、低コストで化石燃料は採れたわけです。この場合のエネルギー投入産出比（ＥＲＯＩ／Energy Return On Input）は一〇〇倍以上と言われます。この様に容易に安いコストで手に入れられる石油や天然ガス資源のことを「在来型（Conventional）」と呼びます。安易に手に入るとの意味で〃Cheap Oil〃または〃Easy Oil〃と呼ぶ人もいます。もう少し具体的に定義すれば、（一）今日汎用されている採掘技術で採り出せる、そして（二）採掘コストが市場販売価格とバランスし、経済性がある、と言うことになります。

ところで、地球上に埋蔵する天然資源が探鉱、採掘の対象となりうるためには、いわゆる「資源」の三要素、すなわち、(一)対象物は貴重な物質で高価なモノであること、(二)ある地域に濃集して埋蔵されていること、(三)経済的に成り立つ生産性と回収率が確証されることが必要です。

顧みれば、太平洋戦争が終結した一九四五年以降に、石油が余りにも便利で、用途が多岐にわたる燃料のため、欧米など戦勝国で急激に大量消費が始まりました。石油と天然ガスの世界全体の消費量は指数関数的に急増したために、低コストで取れる化石燃料は少なくなってしまいました。先人曰く「資源には限りがあり、欲望や不足には限りが無い」。限りがある資源を大切にし、不満や不足を少しでも満足に変える努力が必要なのです。敗戦国から半世紀でここまで復興と繁栄を享受できた日本国民が、もう一度噛み締めるべき名言ではないでしょうか。

「在来型」に対して「非在来型」(Unconventional)を定義すると、(一)今ある汎用的な技術では掘り出せず、革新的新技術の発明と実証パイロット試験が求められ、そのために(二)研究開発コストや採掘コストが高くつき、なかなか商業市場性、経済性が成り立たない化石燃料資源ということになります。つまり、エネルギー資源としての可能性がすでに期待され、莫大な原始資源量は大方推定されているものの、〝実際に使うことはできないもの〟ということになります。

実はこの非在来型の化石燃料は、地球上の七大陸に、とりわけ資源豊富な国々、米国、カナダ、ロシア、ベネズエラ、アルゼンチン、豪州、中国、インドなどで膨大な原始資源量(In Place)が地質的に推定されていました。しかし採掘方法が実用化されておらず、輸送インフラが無いのでコストも極めて高くつくことから、油価が低迷した一九八六年以降、資源開発会社は非在来型資源の商業化を諦めていました。追い打ちをかけるように、一九九〇年代に地球環境保護運動が盛んになると、重質油や超重質原油のように石油製品を抽出した後の大量の残渣油が地球環境を汚すため商業化はカナダやベネズエラのごく一部の地域に限られ、非在来型と言うレッテルを貼り区別され、政府の補助金や税制優遇支援なくしては開発・生産ができない状況にな

表 1-1　石油を例にした在来型、及び非在来型資源に関する指針

SPE（U.S. Society of Petroleum Engineers）による

種類	特徴
在来型資源	①　石油層やガス層は個々に分かれています。 ②　貯留層の地質構造の下部は水層に接しています。 ③　水中の石油に働く浮力のような水力学的影響を受けます。 ④　石油は坑井を通して生産されます。自噴、ポンプ、二次採油、IORやEORの三次採油で生産可能。 ⑤　通常は、販売するのに最低限の処理で済むのでコスト安。
非在来型資源	①　広大な面積に広がって存在します。 ②　水力学的影響をはっきりとは受けていません。 ③　連続型鉱床（continuous-type deposits）とも呼ばれます ④　一般に、特別な高等採収技術を必要とします ⑤　採収された石油は販売前にかなりの処理を必要とし、また環境保全コストも掛かりコスト高です。

っておりました。

ところが二一世紀初頭に追い風が吹いたのです。二〇〇四年に始まったブラジル、インド、中国などのＢＲＩＣｓの経済発展が石油需要を増やしたため、原油価格の上昇機運に刺激され、カナダやベネズエラのビチューメンや超重質油の開発・生産が再び注目され始めました。特に二〇〇七年以降の油価急騰期に入りますとカナダに加えて、米国、豪州、中国、インドネシアで非在来型ガス資源のうち特にシェールガスの採掘技術や事業投資の顕著な成功事例が注目され始めました。本書の第二章と第三章でその実態を明らかにしましょう。

確認埋蔵量や究極回収資源量の評価、石油供給能力予測など石油貯留層のシミュレーションモデルの分析研究など石油工学の学会である米国の石油技術者協会（ＳＰＥ：Society of Petroleum Engineers）では、在来型資源、非在来型資源に関して、石油資源を例にとり表１‐１に示すように特徴を説明しています。このＳＰＥの指針によれば、表１‐２に示すような様々な非在来型天然ガスが存在します。

非在来型天然ガス資源量の世界的地域分布については、未だ十分な調査が行われているとは言えませんが、最後に少し詳しい数値データを、第一章末に表１‐３「世界の非在来型および在来型天然ガス資源量評価総覧」で紹介します。これまでに公表された非在来型天然ガス資源量の最新報告を比較総覧したものです。

地域内の炭化水素資源のトライアングル

「在来型」と「非在来型」の違いを説明するためには、一九七九年に米国地質調査所（USGS）の故マスターズ博士が提唱し、テキサスA&M大学のHolditch教授が加筆した、「炭化水素資源のトライアングル（Petroleum Resources Triangle）」を見ると分かりやすいでしょう。図1‐1は、左側に石油、右側に天然ガス貯留層を配置しそれぞれの浸透性と原始資源量規模を整理した概念図です。先ずトライアングルの頂部に当たる「在来型ガス」の貯留層の浸透率は、数md（ミリダルシー）から一〇〇〇mdと大きく、穴をあければガスが勢いよく自噴します。しかしこのような良好なガス田は少なく、従って原始資源量の規模は小さくなります。darcy（ダルシー）は浸透率の基準単位で、孔隙空間を持つ岩石の中の流体の流れ易さの尺度です。

一darcyは大きい値なので、通常その一〇〇〇分の一に当たる単位を一mdと呼びます。中東の巨大油田の貯留岩の浸透率は約五darcyほどなのですが、通常のガス田の貯留岩は緻密でも、ガスの粘性が小さいので数一〇md もあれば良好なガス田を形成します。ですから在来型ガス田では浸透率が数 md 以上あればガス生産が容易ですが回収資源量は少量に限られているのです。在来型石油資源及び天然ガス資源の技術概論は「トコトンやさしい解説書」を参考にしてください（参考文献は各章末に列挙します）。

浸透率が一 md 未満の硬い砂岩に埋蔵するガスは、タイトサンドガスと呼ばれ、非在来型ガスの一つです。近年、世界で最も非在来型天然ガスの開発が行われているのは米国です。天然ガス需要が増大するに伴い非在来型天然ガスの開発も進んできたわけですが、その対象は時代によって変遷しています。一九七〇

図1-1　地殻内の炭化水素資源のトライアングル

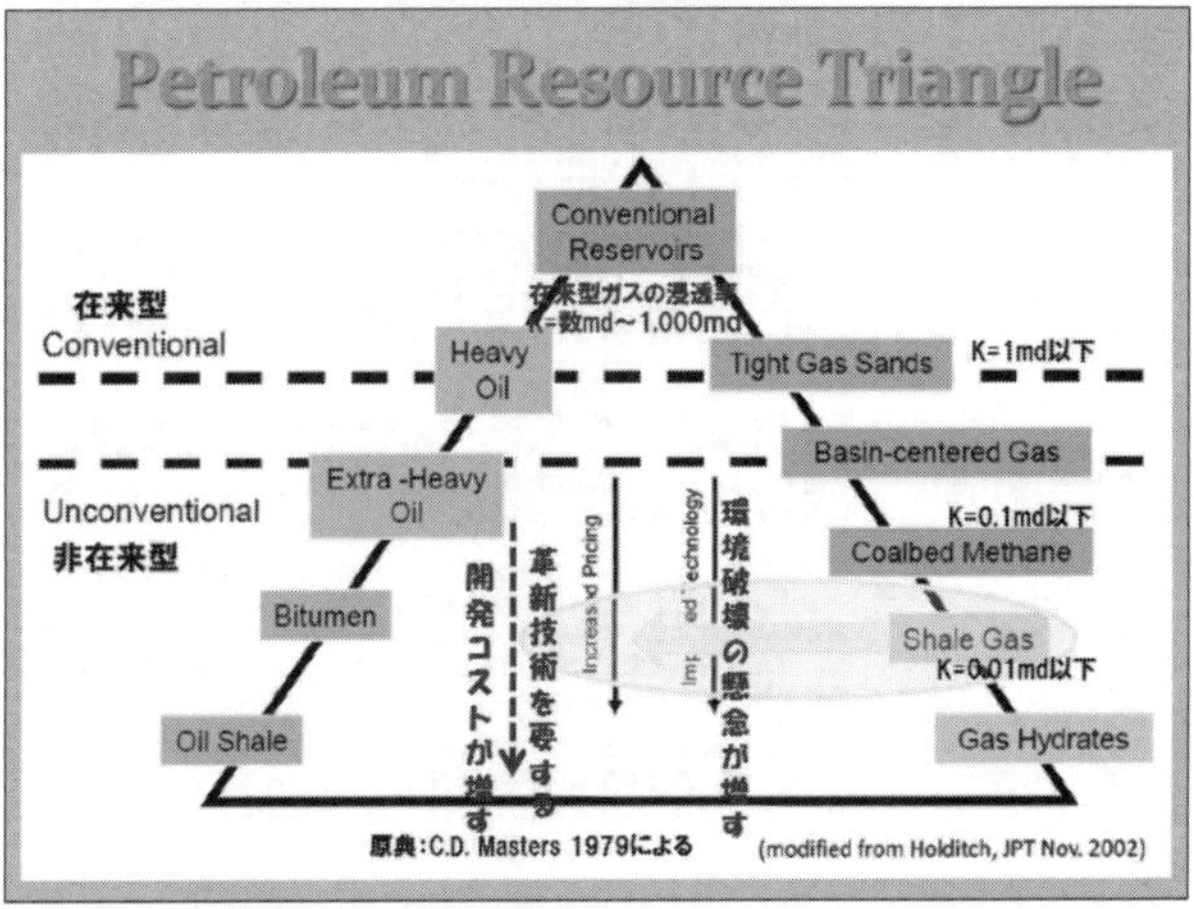

年代に米国政府は「非在来型天然ガス」の政策的な定義を「貯留層のガス浸透率が〇・一md未満の貯留層に存在する天然ガス」と定め、税制優遇措置を行いました。これ以降、一九八〇年代にはタイトサンドガス、一九九〇年代にはコールベッドメタン（炭層ガス、CBM）、二〇〇〇年代にはシェールガスが順次開発対象となり、税制優遇措置を受けたため、それぞれ生産量が増加してきました。

図1-1でみると、トライアングルの下部へ向かうほど貯留層の浸透性が極めて低くなるため、大量の原始資源量が期待されますが、一方で生産は極めて困難であることを示しています。すなわち、下部になる

表 1-2 非在来型天然ガスの種類

①タイト サンドガス (Tight Sand Gas)	地殻深部(3000～6000m)のガス浸透率1md～0.1md、孔隙率5～10%、水飽和率30～70%の固く締まった(タイトな)砂岩層に埋蔵する天然ガス（ドライガス。米国では石油危機後の80年代に入り税金控除などの支援で生産開始した。
②コール ベッドメタン (CBM) (Coal Bed Methane)	石炭形成過程において生成されたメタンガスが石炭層の隙間に吸着したもの。浸透率0.1 md以下米国では1986年ごろから税金控除などの支援で商業生産が始まった。近年ではカナダ、オーストラリア、中国、インド、ロシア、ウクライナ、英国等で事業化の動きがある。
③シェール ガス (Shale Gas)	米国東部Appalachian堆積盆の下部に分布する頁岩層（Devonian Shale)は孔隙率4%以下、浸透率0.01 md以下と小さいので開発対象ではなかった。2007年以降の油価高騰下に、水平坑仕上とフラッキング技術が進歩したため生産可能となった、生産量の減退が大きいため井戸数増える。
④地圧水溶性ガス (Geopressured Gas)	地殻深部の異常高圧層の地層水(Brine, 流体圧力勾配が0.465～1psi/ftと高い)に溶解したメタンガスで、高圧下のガス量は地表の体積となると膨大となる。わが国の千葉県上総層群に埋蔵する水溶性ガスもこの類に入るが、ガス層は浅く、圧力は低い。
⑤メタン ハイドレート (Methane Hydrate)	メタン分子と水分子からなるクラスター状の固体物質(深海底堆積層中や永久凍土地帯の土質堆積物中に広範に分布) 日本近海では静岡から和歌山、土佐へ広がる南海トラフに相当量賦存。2000年以来、国プロMH21探査機構が調査、2013年３月に世界で初めての海洋産出試験を紀伊、知多半島沖合で実施した。
⑥地球深層ガス (Deep Earth Gas)	米国コーネル大学のゴールド博士が1987年に自著で、地球創生時にメタンが地下10～20kmの沈み込み帯に封じ込まれていると無機起源説を提唱。旧ソ連やスウエーデンで大深度試掘を実行したが資金不足で断念。未だ未確認。

ほど、地球深部に位置しガス生産に必要な開発コストが増し、革新的技術の進歩が要求されるからです。また、ピラミッドの底部に向かうほど操業地域の環境破壊の懸念が増すため環境負荷コストもかさむことになります。実際には、非在来型天然ガスの貯留層の定義は様々で、物理的及び経済的な指標で決定されますが、最もわかりやすい定義としては、「水圧破砕法、水平仕上げ坑井を多用しないことを前提に、経済的に見合った生産速度や量が見込めない貯留層」と言うことができます。ところで、タイトサンドガスは従来「非在来型」とされてきましたが、生産量が目覚しく増加してきた二〇〇九年以降米国統計では「在来型」に移行しています。また、水溶性天然ガスは、世界的には「非在来型」とされていますが、日本で

図 1-2　地球上の石油資源量のマッケルビー ダイヤグラム

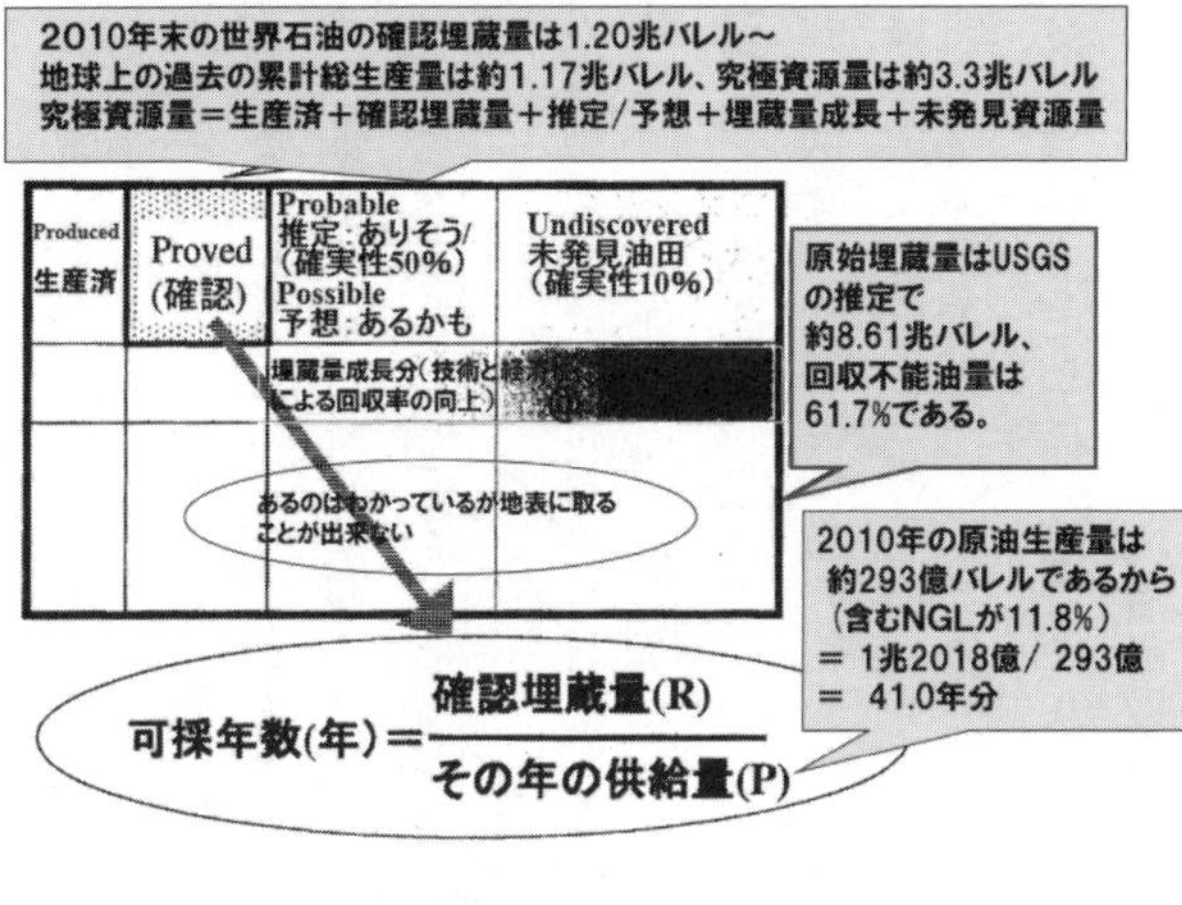

は商業生産されており「在来型」に含めています。

資源量と埋蔵量の違い、可採年数を巡る誤解

それでは先ず、化石燃料の原始埋蔵量(In-Place)、資源量(Resources)と埋蔵量(Reserves)の概念についておさらいをしておきましょう。地球上の原油またはガス資源量を俯瞰できる資源量的相関図として有名なマッケルビーダイアグラム(McKelvey Diagram)を図1-2で説明しましょう。

この図は、二〇一〇年末における世界の在来型石油の資源量の評価結果が一目でわかるように量的相関を示しています。二〇一〇年末の世界の在来型石油(原油及び天然ガスから回収される天然ガス液＝NGL、Natural Gas Liquid)の確認埋蔵量はおよそ一・二〇兆バレルです。この量に加えて、今まで人類が生産し消費した累計油量の約一・一七兆バレルに、今後高度な増進回収技術などによる埋蔵量成長分約四一〇〇億バレルと未発見の資源量を加えた地球上の究極石油資源量は約三・三〇兆バレルです。一方、地球上の石油資源の原始埋蔵量は、米国地質調査所(USGS)が推定した数値では八・六一兆バレルといわれますので、回収不能の原油がその六一・七%も地殻に残留し取れな

いということです。この中には非在来型原油の対象となりうる「重質油」が含まれます。

可採年数とは、残存する確認埋蔵量がその年の年産量の何倍に相当するかをみる指標です。丁度、「貧しい家庭で、お母さんが台所にあるお米のお櫃を眺め、後、何日分お米が残っているのかと算段する」のと同じようなものです。そこには資源量の信頼性が乏しい未確認の埋蔵量成長や未発見資源量は含まれません。ときたま、非在来型資源の技術的回収可能量を、その年の年産量で割って過大な可採年数を報告した事例を見ますが、これはナンセンスなことです。

化石燃料の埋蔵量を表す言葉としてよく使われる用語に「確認埋蔵量」「推定埋蔵量」「予想埋蔵量」の三つがあります。まず、確認埋蔵量とは、複数の井戸により地下に資源の賦存が判明し、生産テストで商業量生産能力が確認され、地質学的分析と、油層工学に基づく油田シミュレーションモデルによる生産量予測計算により合理的に評価された回収量です。確認埋蔵量の信頼度は九〇％であることから、銀行の融資対象となる鉱物資産になります。在来型石油系資源を可採年数でみると、二〇一〇年末の天然ガスに随伴するNGLを含めた石油の確認埋蔵量が約一・二兆バレルで、可採年数が四一年分です、一方、天然ガスの確認埋蔵量が約六六〇〇兆立方フィート（Tcf）で、可採年数が四七年分と評価されます。

さて、非在来型資源の埋蔵量定義ですが、今のところ長期的に採り出すことができる確立された技術があるわけでもなく、経済的な合理性をもって確実に取り出せる保証もないため、生産操業会社は確認埋蔵量による数字を、各社個別の「確実性」に基づき評価し報告しています。しかし、確率の信頼度が九〇%と言えるかは、まだ疑わしい段階でしょう。今、業界では、非在来型資源の資源量の数字について「技術的回収可能量」(Technically Recoverable Resources)を用いていますが、これは信頼度五〇%の推定埋蔵量レベルと見るべきでしょう。数字の信頼度が低いので、可採年数が何年あると算定できる確たる根拠があるわけではないからです。

ここで問題になるのは、埋蔵量に関する公刊統計の数字に、こうしたあやふやな非在来型資源量の記載を巡り考え方が定まっていないことです。非在来型石油やガスの生産量はお金に変わるので、当然、これら生産量数値も明確に生産量統計に計上されます。二〇一〇年代に入り非在来型のシェールオイルやタイトオイルが米国の原油生産量を急増させ二〇二〇年頃にはサウジアラビアやロシアと並ぶと見られています。また、確認埋蔵量についても、オイル&ガスジャーナル統計(OGJ)は二〇〇二年版から、また

BP統計でも二〇一〇年版から、カナダとベネズエラの確認埋蔵量に、莫大な非在来型石油の未確認資源量を加え始め、両国がサウジアラビアに匹敵する巨大埋蔵量保有国に突如変身する異変が起こっています。ところが、天然ガスは、米国やカナダの確認埋蔵量には何の急増も見られないという「奇変」ともとれる現象が起こっているのです。

これらの統計の対象となる天然ガスは市場において商業取引されている、いわゆる在来型天然ガスと呼ばれるガスです。ところが近年のシェールガス開発ブームにより、シェールガスやタイトサンドガス、コールベッドメタンなど今まで非在来型ガスとして区分けされていた天然ガスもガス市場で販売されますので、これらの生産量については、公刊統計にも計上されています。しかし問題なのは、非在来型ガスの確認埋蔵量です。これについては、各操業会社や開発地区で個別に評価し監督官庁に報告しているものの、全世界の国別の数値は、産ガス国のエネルギー監督省庁や石油会社、学会で統一した評価システムによるコンセンサスを得ておらず、OGJ統計やBP統計では確認埋蔵量に計上されていないのです。おそらく近い将来に、これら国際公刊統計の謎が物議を呼ぶことになるでしょう。鋭いメスが入ることに期待をしています。

もう一点、資源論の本質に関し読者に警鐘しておきたいことがあります。シェールガス専門誌、ダウンストリーム業界や石油経済アナリストの中には、石油系資源量の可採年数に関して誤解が見受けられるからです。

本来、「可採年数」と言う指標は、生産油・ガス田（米櫃のようなもの）に対し、九〇%の誤差範囲による残存確認埋蔵量（R）がその年の生産量（P）の何年分に相当するかの目安です。ところが、OGJやBP統計は、「商業生産量」を生産量とみなすことで、可採年数を五七・八年と長くし楽観的な数値に仕立てており、ナンセンスです。世界全体の生産量は年間一四一・六Tcfですが、生産量からガス田のNGLを分離回収したり、僻地で焼却した量を差し引いた商業生産量は一一九・二Tcfと、生産量の八四・二%しかないのです。もっと言うと、埋蔵量成長分約二三六〇Tcfに対する可採年数は三〇・二年で確実性は五〇%程度で「多分ありそう」とあてにならない数字。「あるかもしれない」未発見資源量約二二九〇Tcfに対する可採年数は二一・一年で信頼性は一〇%とさらに低い。エネルギー評論家やメディアは、地球上の天然ガスの究極の可採埋蔵量は、これらの合計八三・九年で、今使える天然ガスは在来型だけで一〇〇年あると強調しますが過大評価であてにならないのです。

非在来型資源の資源量評価に関してはさらに信頼性の確度は悪いと見なされます。なぜならまだ地球上の探掘・開発活動が未成熟であるからです。いかなる油・ガス田でも生産開始前に推定した回収率はとかく大き目になる傾向があります。ですから我々の常識では、それらの技術的回収可能量は可採年数の対象に入れません。「オレオレ詐欺」にくれぐれもお気を付けください。

第二節　シェールガス、シェールガス随伴オイル、タイトオイル

石油系炭化水素資源の成因論

石油や天然ガスなど、石油系炭化水素の成因については生物が元になったとする有機起源説や、隕石の落下後に地球深部に陥没したメタンが化学合成反応により形成されたと想定する無機起源説がありますが、一般的には前者の「ケロジェン有機起源説」が広く信じられています。この説によると、太古の昔、古生代デボン紀（四億年〜三億五九〇〇万年前）に、水中を浮遊していた生物プランクトンや藻類が死に、やがて泥や砂ともに海底や湖底に沈み堆積物（根源岩）となり、さらに、酸素が無い地中で嫌気生バクテ

リアによる分解作用を受け変質し腐植物質（ケロジェン）へと変化しました。バクテリアが生物有機物を分解するときにはメタンガスが出ますが、このメタンガスが生物起源メタンとも呼ばれるものです。関東平野や房総半島などの地層水に溶け込んでいる水溶性メタンも、同様な成因で出来ているのです。

　石油系炭化水素資源の成因のプロセスは、出光オイルアンドガス開発の奥井博士が提唱した（図１－３）で上手に説明されています。ケロジェンを含んだ堆積物が地下深くに埋没すると、地熱や圧力により一〇〇℃を超える温度にさらされ熱分解を起こして、まず液体の油を形成

図1-3　石油とガスの成因論（堆積→沈下→熟成→根源岩→移動→貯留）

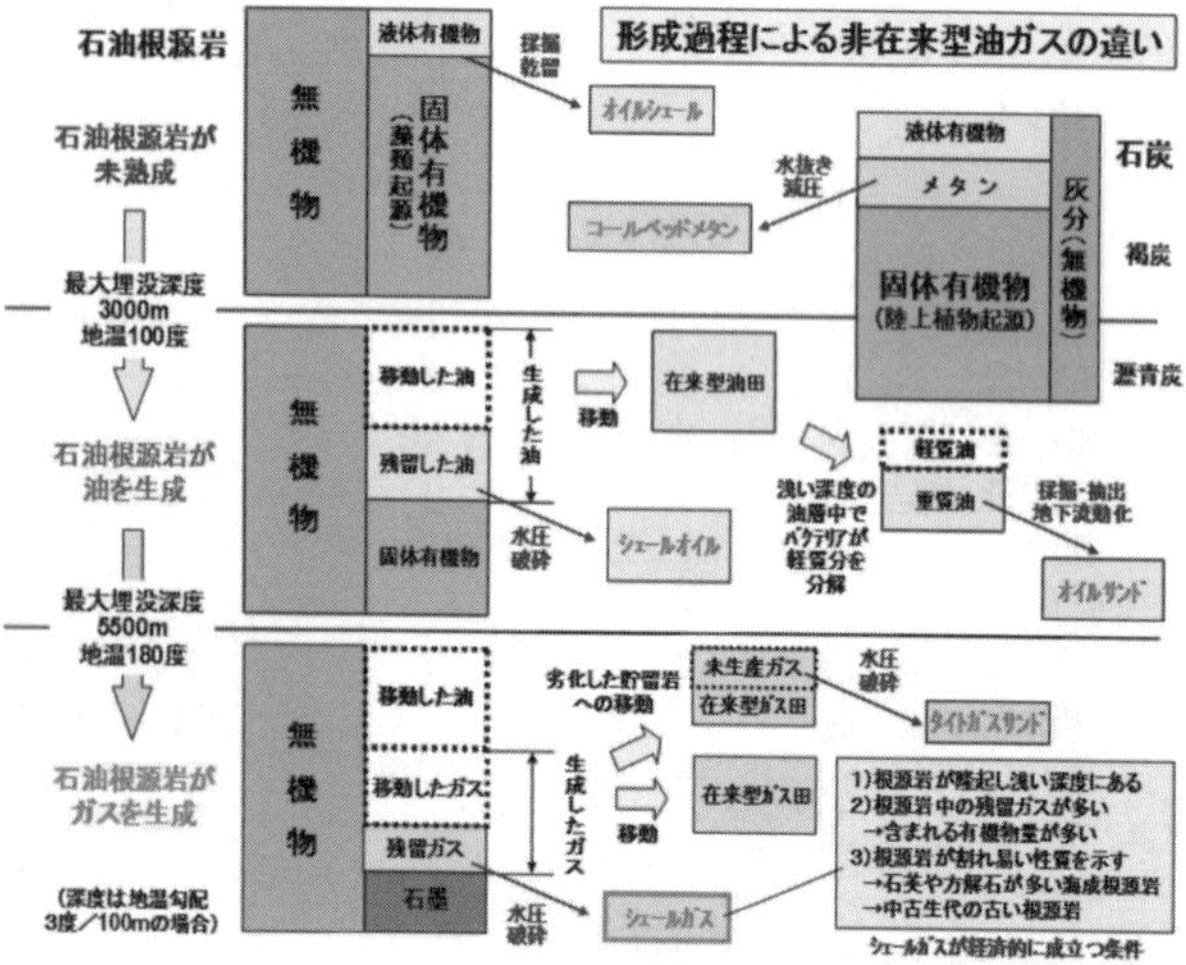

出典：石鉱連資源評価スタディ2012（出光奥井委員）

します。原油は一〇〇～一五〇℃くらいの温度帯で生成されますが、この深度は地下三〇〇〇～四〇〇〇mです。さらに温度一八〇℃以上となる深度五五〇〇m以上の深さになると天然ガスが形成されます。この熟成反応で出来た「プロトペトロレアム」と呼ばれる炭化水素物質は、長い地質年代をかけて孔隙率と浸透率を持つ地層中の間隙水の中を浅い方に向かい移動していきます。

このようにしてできた世界の主要な油田やガス田の地質年代は中東では中生代の白亜紀（一億四四〇〇万年～六六五〇万年前）が多いのですが、東南アジアや日本の油・ガス田の場合は、非常に新しく新生代の新第三紀（二三〇〇万年～二六〇万年前）の地質です。ところが、なんとペンシルバニア州のシェールは、約三億年前の古い地層である古生代の石炭紀よりさらに昔の、デボン紀（約四億年前）の古い頁岩の中に残留していた天然ガス系の炭化水素なのです。

油生成帯にある石油根源岩は、石油生成能力などに従って油を一次移動（排出）させます。これら石油根源岩を離れた油は途中で一部をロスしながらも、条件の揃った貯留層（トラップ＝動物を生け捕る罠）に至り集積し、在来型油田が形成されるのです。これに対し、この段階で根源岩の外に一次移動（排出）されず、根源岩内に残留した油を後世になり直接回収するのが「タイトオイル」や「シェールオイル」なのです。

　在来型油田のうち、貯留層が地殻変動の隆起などにより浅くなり、飽和炭化水素の中でも特に分子量の小さいものが、バクテリアにより優先的に分解され重質油化したものがカナダの「オイルサンド」です。このような分解作用を「バイオデグラデーション」と呼びます。大体のバクテリアは六〇～八〇℃前後の温度まで生息することができるため、三℃／一〇〇mの地温勾配と二〇℃の地表温度を仮定すると、この深度は大体一三〇〇～二〇〇〇mです。重質油の一部は、「バイオデグラデーション」ではなく石油生成の早期で、生成物が初期ビチューメンに近い組成の段階で一次移動したことによるものもあります。「オイルサンド」が地表に露出している場合や対象層が浅い場合には、貯留岩とともに採掘・抽出などにより油を回収します。また対象層が数百mと深い場合には、上位に水蒸気圧入井戸、下位にポンプ吸い上げ井戸を五mほど離して配置したペアーの坑井をいくつも配列したSAGD(Steam Assisted Gravity Drainage)熱攻法などによって地下で流動化させ回収します。

　この他に「オイルシェール油」と呼ばれる非在来原油もあります。石炭に似た緑色っぽい固体の岩石「オイルシェール」は、藻類などの根源物質を含む泥岩や頁岩が比較的浅い地下に埋没し、ケロジェンや十分に中・軽質油にまで熟成する前の未熟成の油分を含む油母頁岩です。シェールオイルやシェールガスに熟成される約一〇〇〜一八〇℃の深度に達しない比較的浅い地殻で、バクテリアの力で有機物の高分子化が進みこれが無機物と混ざり合うことによって生じたものです。石炭同様に採掘して熱乾留プラントに通すことによりまったく硫黄分を含まない上質な軽質油が回収されます。

石油と天然ガスは炭化水素化合物の家族のようなもの

日本で石油と言えば、ガソリン、灯油や軽油を意味することが多いのですが、欧米では、石油といえば、気体の天然ガスから、そこから分離される天然ガス液（NGL）、黒い液体の原油、固体のアスファルトまで、幅広い石油系炭化水素類を意味します。表1-4をご覧ください。炭化水素中の炭素の数でみても、一個のメタンを主成分とする天然ガスから、三、四個のLPG（液化石油ガス）、数個から一〇個前後のガソリン、一〇数個の灯油から、数一〇個から数百個のアスファルトまで幅広く、数百種類の炭化水素の混合物なのです。

二〇一一年度のわが国の石油製品消費量は約二億三九五〇万kl（日量四一三万バレル）

です。その石油の用途は、大きく分けて輸送用、産業用、発電用、民生用、化学原料用の五分野です。このうち特に自動車などの輸送用消費のシェアが、わが国においては一位で四二%ですが、欧州では五二%、米国では六六%とさらに高いシェアであることから、世界的にも、輸送燃料としての石油の利便性や優位性は、当分の間、揺るがないでしょう。石油化学原料用にも二一%ほど使われています。民生用では、業務用オフィスや家庭の暖房が中心で一四%が使われていますが、これは天然ガスへの転換が進んでいます。また一二%の消費シェアがある発電用も、大気汚染や地球温暖化の観点から、天然ガスへの代替が進んでおり、石油の利用は減少する傾向にあります。

一方、天然ガスは、性状が原産地によって大きく

表1-4　石油・天然ガスの模式的化学組成と物性

石油と天然ガスは炭化水素系燃料で成因も同じ仲間だ！

炭化水素成分			ワックス原油 Low GOR, Waxy Oil	標準原油 Black Oil	揮発性原油 Volatile Oil	ガスコンデンセート Gas Condensate	天然ガス Dry Gas
メタン	C_1	LNG	0.26%	48.33%	64.36%	87.07%	95.85%
エタン	C_2		0.08%	2.75%	7.52%	4.39%	2.67%
プロパン	C_3	LPG	0.27%	1.93%	4.74%	2.29%	0.34%
ブタン	C_4	LPG	0.66%	1.60%	4.12%	1.74%	0.52%
ペンタン	C_5	コンデンセート C_5〜C_{20}	0.71%	1.15%	2.97%	0.83%	0.08%
ヘキサン	C_6	コンデンセート C_5〜C_{20}	0.42%	1.59%	1.38%	0.60%	0.12%
ヘプタン+	C_{7+}	コンデンセート C_5〜C_{20}	95.60%	42.15%	14.91%	3.80%	0.42%
C_{7+}の分子量			351	225	181	112	157
ガス油比	(SCF/bbl)		7	625	2000	18200	105500
	(M^3/KL)		1.3	113	362	3300	19130
タンク原油の比重	API		29.5	34.3	50.1	60.8	54.7
	SpGr(水 = 1.0)		0.879	0.853	0.779	0.736	0.760
原油の色			黒褐色	黒緑色	淡いみかん色	透明麦藁色	透明麦藁色

注）API比重 = 141.5 ／ SpGr比重 − 131.5　ガス油比 1M^3/KL = 5.515 SCF/bbl

約500バレル/MMscf　約55バレル/MMscf　約10バレル/MMscf

注意：上記の化学組成にはCO_2,H_2S,N_2やその他重金属などの不純物を除いて模式的に示している。

異なりますが、主成分はメタン（CH_4）であり、他にエタン、プロパン、ブタン、ペンタンなどが少量含まれ、この他に炭酸ガス（CO_2）硫化水素（H_2S）、窒素（N_2）、酸素（O_2）などの不純物を少量含んでいます。天然ガスの場合、油・ガス田から生産された全ての量が市場に供給される訳ではなく、井戸元より生産された天然ガスはガス処理プラントを通して先ず不純物が取り除かれ、さらにプロパンやブタン成分をLPガスとして回収し、さらにペンタン以上の液体分（コンデンセート）を総括して天然ガス液（NGL）として分離回収するので体積が減少します。このため実際に商業販売したガス量は井戸元生産量の約八割程度に減少します。この比率を天然ガスの商業化率と呼びます。

様々な種類の非在来型天然ガス

天然ガスは、図1-4の概念図に示すように、世界中の様々な地層中に存在しています。在来型天然ガスは地層が「らくだのこぶ」のような背斜構造や地層が上方に向かってせん滅してゆく構造性トラップの中で、孔隙率や浸透率が大きい地層が貯留層となり在来型ガス田を形成します。これを構造性ガスまたは非随伴ガス（Non-associated gas）と呼んでいます。また、油田から産出される原油に溶けているガスを溶解ガスまたは随伴ガス（Associated gas）と呼んでいます。

一方、非在来型天然ガスですが、地殻の浅いところに石炭形成過程において生成されたメタンガスが地下の石炭層の割れ目にメタン分子状で吸着して存在しているものを、（一）コールベッドメタン（CBM）と呼び、米国では石油危機後の一九八六年頃から商業生産が行われています。詳しい解説は第三節をご覧下さい。
（二）タイトサンドガスは、数千mの地殻深部のガス浸透率〇・一md以下、孔隙率五～一五％、水飽和率三〇～七〇％の固く締まった砂岩層に埋蔵する天然ガスのことで、米国では石油危機後の八〇年代に入り税制優遇などの支援で生産が開始されました。（三）シエールガスは、米国東部Appalachian堆積盆の下部に分布する広大な頁岩層（Devonian Shale）に存在する非在来型天然ガスです。孔隙率四％以下、浸透率〇・〇

図1-4 在来型ガスと非在来型ガスの地質構造

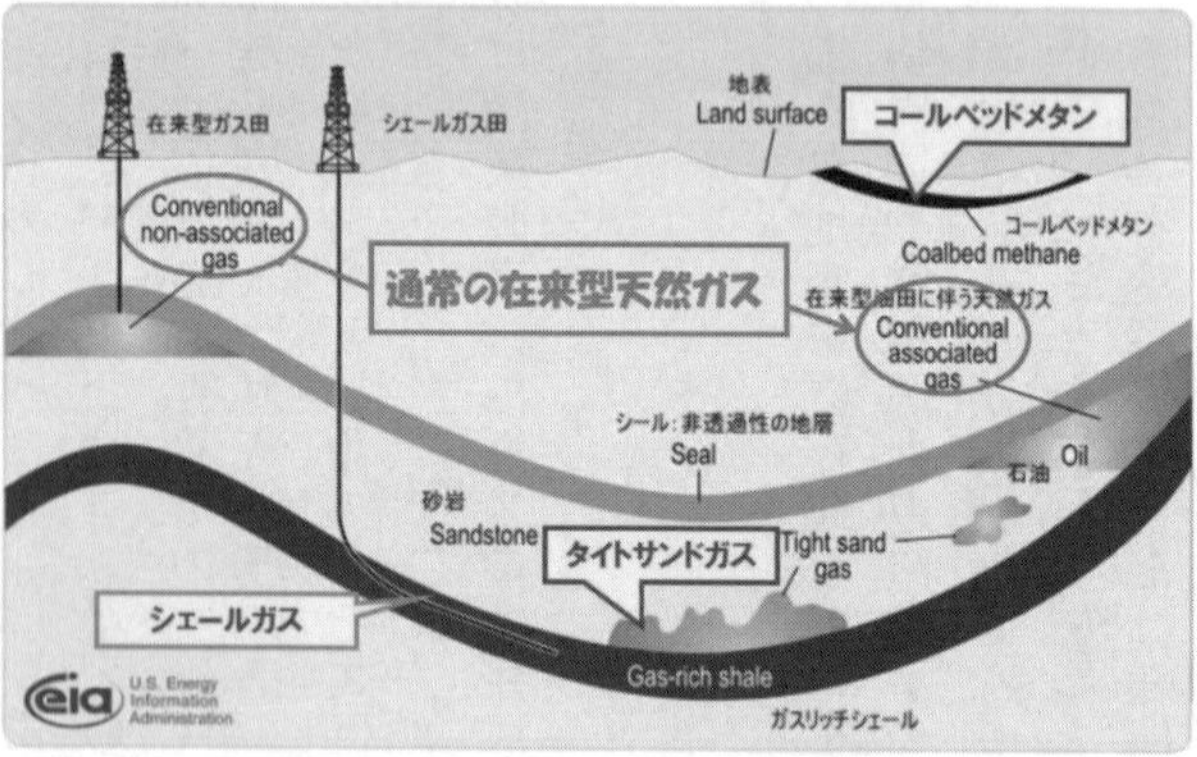

一 md 以下で自噴生産ができなかったものの、二〇〇五年以降の原油価格上昇傾向を追い風に、長距離水平坑仕上げと多段階の水圧破砕技術の進歩により驚異的な高レート生産が可能となりました。

第三節　タイトサンドガスとコールベッドメタン

タイトサンドガス

北米における地質分布において、先ずカナダのアルバータ州には、ロッキー山脈に沿って Deep Basin と呼ばれる深部の堆積盆地にタイトサンドガス（ＴＳＧ）の存在が知られています。ここでは地殻深部に位置する貯留岩で孔隙率は五 ～一五%、水飽和率は三〇~七〇%、浸透率が 〇・一 md （ミリダルシー） 以下の低浸透性白亜紀の砂岩が高圧縮メタンを多量に埋蔵しています。ガスはその下に自由塩水との境界層 (transitional zone) をもたず、従って在来型ガス田を形成していません。しかし、この総面積六万七〇〇〇㎢の深層盆地の天然ガス集積はタイトサンドに限定されるわけではなく、より孔隙質な浸透性のある砂岩貯留岩がこの中に含まれる場合は、エルムワース(Elmworth)ガス田のように準在来型ガス田が形成することになります。この盆地内で経済性があり回収可能なガス量は四五兆立法フィート(Tcf)。このうち二〇 Tcf はエルムワースガス田と推定されています。潜在的資源量はその一〇倍はあるであろうと推定されるほど膨大です。

米国では、ニューメキシコ州南西部から北へ延びてロッキー山脈を越える一帯に深層タイトサンド盆地が多数分布しています。これらのTSGの技術的回収可能なガス量は一〇〇~三〇〇 Tcf と推定されています。一九九五年のARI社のスタディは、TSGの総確認埋蔵量として三二 Tcf 以上が Appalachian、San Juan 両盆地、ロッキー山脈諸盆地にあると見積もっています。また米国地質調査所(USGS)は一九九五年の国家評価として、米国陸上のタイトフォーメーションにおけるガス埋蔵量の平均値として三〇八 Tcf と報告しております。タイトサンドガスの世界の資源量分布で参考となるデータは章末の(表1-3)に載せました。

米国では一九四〇年代後半に初歩の水圧破砕法が導入されるまでタイトサンドガスの生産は条件の良い場所に限られていました。一九五〇年代にはカリフォルニアにおけるガス需要の増大により San Juan 盆地内の厚く一様な砂層の採掘が行われました。一九七〇年代初めまでには南西部やロッキー山脈において年間〇・四五 Tcf 程度のＴＳＧが生産されるに過ぎませんでした。当時の生産井はコンベンショナルなガス貯留岩に附随しているもので、ＴＳＧ単独プレーという形はありません。一九七〇年代にアモコ（ＡＭＯＣＯ）社は表層地質に関する研究とフラクチャリング技術の開発によってコロラド州デンバー市郊外のワーテンバーグガス田の東の地域で、主に浅海成のＤ砂岩とチャンネル成のＪ砂岩を米国で初めて完全なタイトガスサンドの開発対象として注目を浴びたのです。

ＴＳＧというガスの分類の由来は、石油危機が起こり、原油価格が高騰した一九七八年に米国政府が国内ガス需要の増加と在来型天然ガスの顕著な生産減退に対処するために、「非在来型天然ガス資源の増進回収に係る研究開発プログラム」を導入し、税制優遇措置（Section 29 Tax Credit）を行なったことに始まります。米政府は、浸透率が〇・一 md（ミリダルシー）以下のガス貯留層を「非在来型天然ガス資源」に区分けし在来型天然ガス開発に比べコストが高いタイトガスの開発に税制上の優遇を与えたのです。一方で石炭の割れ目に埋蔵するコールベットメタン（ＣＢＭ）にも同様な税制優遇措置を与えました。その結果、米国の非在来型天然ガスの年間生産量に占める割合は、現在六七％に至っています。

コールベットメタン（CBM）

コールベッドメタン（CBM）は、石炭層内に貯留している天然ガスに対して用いられています。メタンが、ガス組成の大部分を占めているため一般にメタンの表現で呼んでいますが、コールベッドガス、コールシームガス（coal seam gas）と呼ぶ場合もあります。在来型天然ガスと異なり、ガスの貯留が石炭への吸着作用という物理現象によって埋蔵されています。そのため、炭層からのCBMの生産は、ポンプによる付随水を揚水する際の減圧による石炭からのガス脱着効果により行われます。

石炭層にメタンが含まれていることは古くから知られていました。メタンは可燃性のガスであり、濃度五〜一五％で爆発の危険性があります。よって坑内掘りの炭鉱ではメタンは厄介者であり、湧出するメタンを地表から送り込む新鮮な空気で薄めて排除する必要がありました。しかし、一九六八年に米国で発生した炭鉱ガス爆発事故を契機に、より安全に石炭を採掘するために、事前に炭層からメタンを回収する方法が研究され、一九七一年に地表からのCBM開発に成功しました。その後も技術開発が進められ、C

BMは重要な天然ガス供給源となりうると認識されるようになりました。近年、CBM開発として米国、豪州やインドネシアなどで大規模なCBMの商業生産計画が進行中です。

一方で、採炭作業の一環としてボーリングにより石炭層や採掘跡からのメタン抜き取り、地表にパイプラインで誘導する技術（ガス抜き）も発達してきました。通気で薄められ地表に排出されるメタンはVAM（Ventilation Air Methane）、ガス抜きに含まれるメタンはCMM（Coal Mine Methane）と呼ばれています。また、炭鉱が閉山した後も地表に湧出するメタンはAMM（Abandoned Mine Methane）と呼ばれています。CMMとAMMはメタン濃度が三〇％以上あることから、ボイラや発電機の燃料として有効利用されます。VAMは濃度が一％前後と極端に低いために大気中に放流されてきましたが、近年、温室効果ガス排出削減の観点からVAMに含まれる低濃度メタンからエネルギーを回収する装置の実用化も進められています。

コールベッドメタン鉱床が成立するためには、石炭の存在は必要不可欠です。石炭は固体のため、石油・天然ガスのように移動、集積のプロセスはありません。石炭の堆積環境としては、海岸付近などに広く分布する湿地帯が最も有力です。石炭中にほとんど堆積物を含まないことから、水の営力が及ばなくなる高位泥炭地（Peat Dome）を主とする湿原が考えられます。高位泥炭地は、幅は数km〜数一〇kmあるのに対し高さは一〇m程度です。ドームというよりはシートと言った方がよい形態をしており、石炭が数m程度の厚さでも数一〇km連続することと一致します。

石炭表面を鏡面上に研磨し、光学顕微鏡で観察すれば植物の組織が観察されることから石炭の起源は、陸上高等植物であることは明らかです。地球の長い歴史で、はじめて陸上に植物が出現したのは、今から約四億二〇〇〇万年前古生代シルル紀後期です。大規模な森林を形成するようになったのは、約三億五〇〇〇万年前の石炭紀以降になります。このため、厚い石炭層を

図1-5　石狩炭田美唄夾炭層の露天鉱

形成されるのに好都合な環境が存在した地質時代は限られており、コールベッドメタンは石炭紀以後の地質時代の地層に限られます。

ＣＢＭは石炭層（図１‐５）に含まれることから、ＣＢＭ資源の分布は石炭の分布にほぼ一致します。したがって、ＣＢＭは北米、ロシア、中国、豪州、インドネシア、インド、欧州、南アフリカなど石油や天然ガスに比べると世界中に広く分布していると考えられます。

コールベッドメタンの場合、ガス（メタン）の起源については限定されません。一般には石炭自身が、有機炭素の多い根源岩になるわけですから、石炭から発生したガスが吸着されていると考えるのが一般的です。在来型石油・天然ガス資源の成因論で、ガスの生成は、埋没最初期段階で発生する生物起源ガス（biogenic methane）と、有機熟成後期のカタジェネシス段階で発生する熱分解ガス（thermogenic gas）に分かれます。

メタンの起源を探るための有用なツールは、有名なバーナード・ダイアグラムプロットがあります。縦軸にガス組成比 $C_1/(C_2+C_3)$ と横軸にメタンの ^{13}C 炭素同位体比（$\delta^{13}C$）をプロットする方法です。図１‐６には、旧赤平炭鉱坑口跡から採取したＣＢＭ、南夕張の CO_2 炭層固定化実験で採取されたＣＢＭ、北米のパウダーリバー（Powder River）

炭田のＣＢＭ、わが国の油ガス田で採集したガスサンプル分析をバーナード・ダイアグラム上にプロットした結果です。この図ではガスの起源が、明確に異なる領域にプロットされます。南関東・千葉の水溶性ガス田の天然ガスは生物起源であり、秋田、新潟、北海道・勇払油ガス田の天然ガスは熱分解起源であることが明確に読みとれます。赤平ＣＢＭや夕張ＣＢＭもメタンは熱分解起源であることが明らかとなりました。両者とも石炭の炭質は瀝青炭で、石油生成

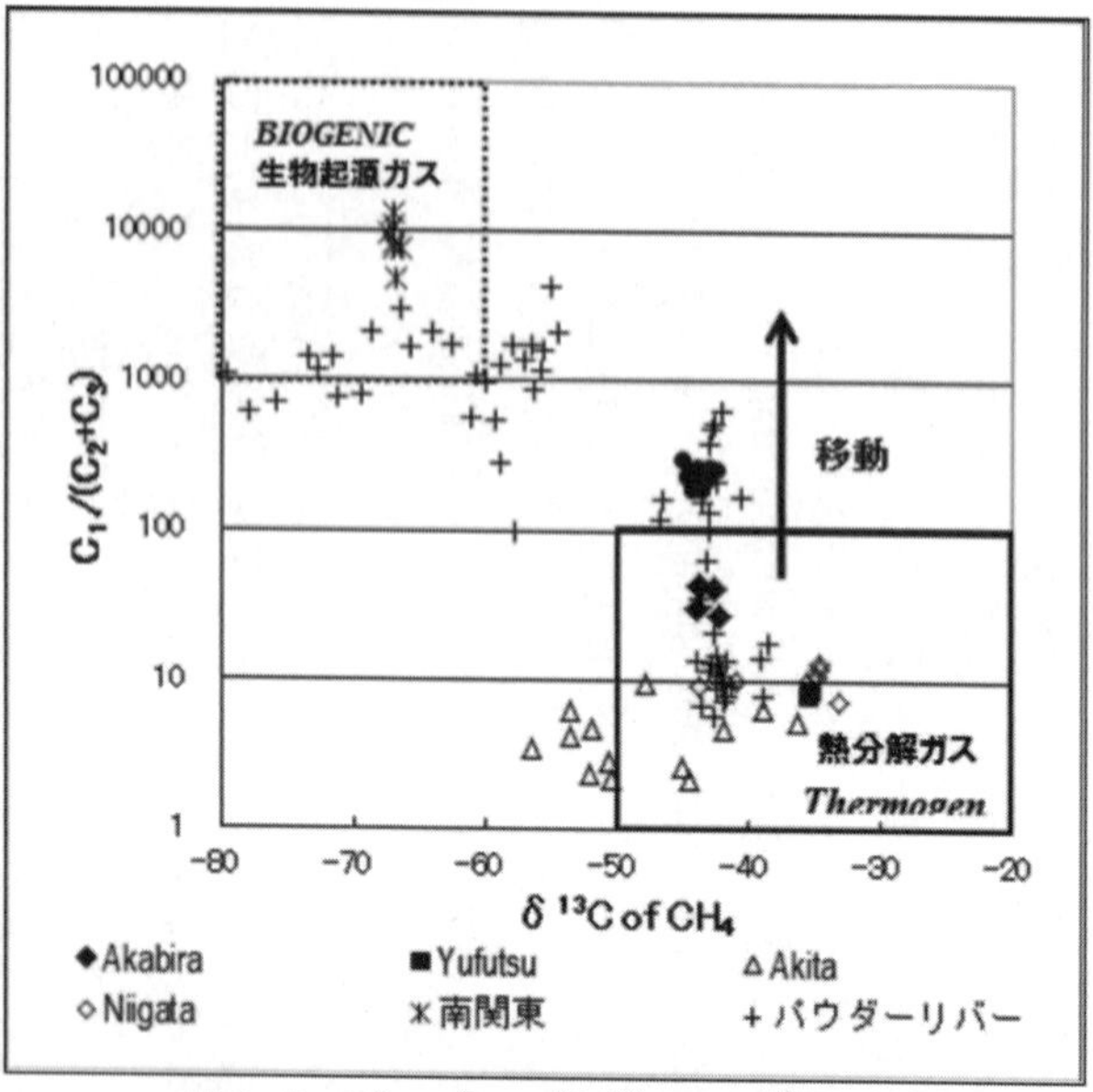

図1-6 ***バーナードダイアグラムによるコールベッドメタンの起源解析***

出典：NEDO："国内CBM資源調査可能性調査（北海道地区）、p.139,（1998）

帯の熱成度に達しています。　これに対し、パウダーリバーのＣＢＭは起源が生物起源です。パウダーリバー炭田の石炭は、炭質的に褐炭で石油生成帯に達しておらず、石炭からの熱分解ガスの発生がほとんどなかったと推定されます。

石炭の埋蔵量についてはかなり調査が進んでいますが、ＣＢＭ資源量については十分な調査がまだ行われていないのが現状です。ＣＢＭの包蔵量は石炭の種類や地域によって、あるいは同じ石炭層でも場所によって大きく異なるためです。

筆者らがまとめた世界の地域別ＣＢＭ資源量（表１‐３）を見ると、世界中でおよそ九〇五一 Tcf のＣＢＭ潜在資源量が推定されています。国別では、ロシアが最も多くて二〇一二 Tcf 次いでアメリカ一五一八 Tcf 中国一二七一 Tcf 豪州（ニュージーランド含む）九八八 Tcf などとなります。そのうち技術的・経済的に採掘可能な量は、世界中で八四七 Tcf（潜在資源量の四二％）と考えられていますが、今後本格的な調査が進めばこれらの値はさらに増える可能性があります。

世界でＣＢＭの生産は一九七一年に米国で始まり、石油危機後、一九八六年頃の税制優遇にも後押しされて急激に生産量が増加してきました。二〇〇九年時点ではアメリカのＣＢＭ生産量は一・八七 Tcf（日本の天然ガス年間消費量の半分ぐらい）を超え、世界のCBM総生産量の八割近くを占めています。また、カナダでは〇・二八Tcf、豪州では〇・二一Tcfを超える量が生産されており、現時点ではこの三カ国が世界のCBM生産をリードしている状況です。しかしながら、中国、インド、ロシア、インドネシアなどの国でもCBMの商業生産が今後本格化してくるものと予想されます。

わが国では、比較的ガス包蔵量が多いとされている北海道の石狩炭田についてはCBM資源量に関する調査が実施され、三カ所の有望地域の評価が行われました。これらの有望地域のCBM潜在資源量は二九〇億㎥（一・〇二Tcf）と評価されています。開発有望地域別では、南大夕張地域五一億㎥、夕張西部地域二七億㎥、滝川東部地域一六三億㎥の資源量調査報告が在ります。

第四節　次世代の資源メタンハイドレート

忘れもしない二〇一一年に起こった三・一一東日本大震災、大津波の襲来、そして引き起こされた原発事故による放射能災害は日本の「原発神話」をもろくも崩壊させました。日本のエネルギー安定供給政策は根底から考え直さざるを得なくなり、水力発電、地熱発電、太陽光、風力発電など再生可能エネルギーの技術開発や利活用、インフラ整備が喫緊の課題となっています。もしも化石燃料の中で地球環境に優しい天然ガスが救世主として原発の喪失分に代り大量に消費されるとなれば、おそらく在来型のみでは足りず、タイトサンドガス、コールベッドメタン、シェールガスやメタンハイドレートなど非在来型メタンガスの商業規模の探査、開発、利用がクローズアップされることになるでしょう。

わが国では、今から二〇年余り前から世界に先駆け石油資源開発の技術者グループがメタンハイドレート(Methane Hydrate＝以下ＭＨ)資源化の可能性を求めて地道な探査、生産、環境影響の技術研究を積み重ねてきたことを、多くの国民は知らないようです。

燃える氷　メタンハイドレートのめずらしい物性

「燃える氷」と呼ばれるメタンハイドレートとは、低温高圧下で五〜六個の水分子がゲストのメタン分子を籠状に取り込んだ見かけはシャーベットのような固体状の物質(水和物)です。結晶構造は図１‐７に示しました。密度は〇・九一 g／㎤と水の中で浮く

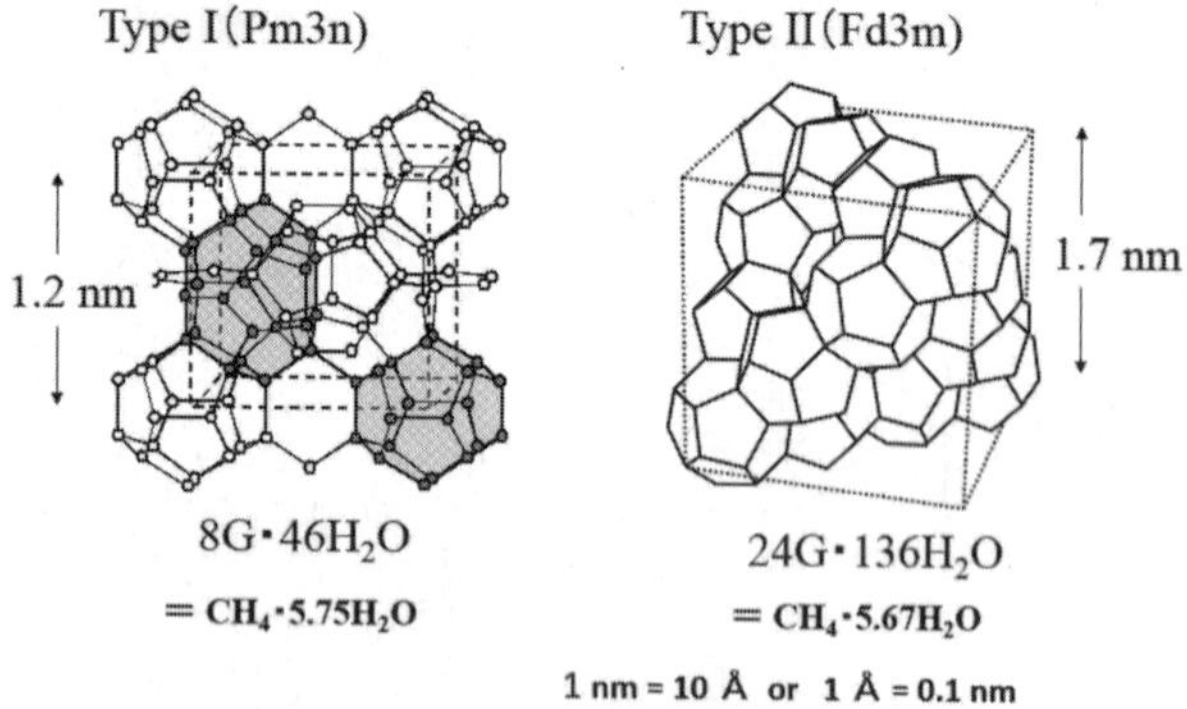

図1－7　メタンハイドレートの結晶構造

P-T Conditions to formulate MH:
T= 0 ℃, P>30atm
T=10 ℃, P>60atm
T= 20 ℃, P > 200atm

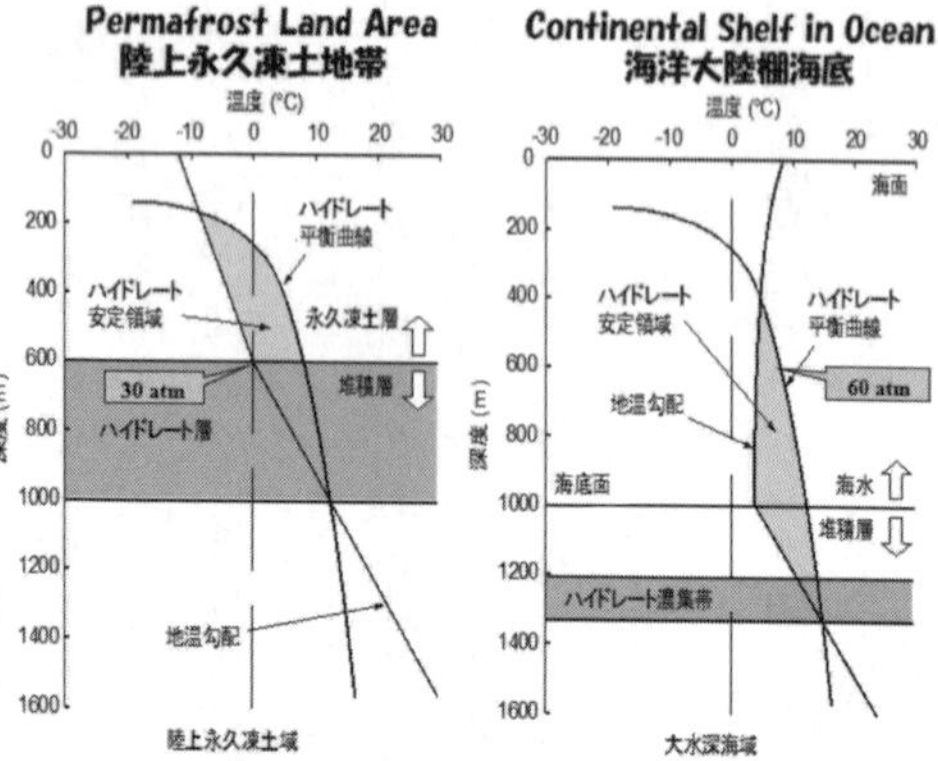

図1－8　陸域と海域におけるメタンハイドレートの生成安定領域の推定法　－Kvenvolden (1993)－

のです。分子構造は五角形一二面体で安定した水分子格子中にメタン分子が取り込まれた包接化合物です。MHは大量のメタン分子を取り込んでおり、地下で一㎤、角砂糖ほどの大きさのMHには一気圧の状態で一六四㎤、牛乳瓶一本分ほどのメタンガスが回収できます。しかし残った純水はMH体積の八〇%も占めるのです。

MHは自然界に存在し、図1‐8に示されるように陸域のシベリア、アラスカやカナダの永久凍土地帯の地下数一〇〇m～六〇〇mの堆積層中ではメタンは気体ではなく固体物質＝メタンハイドレートとなり埋蔵されています。温帯の地下や沼地でもメタンガスが発生しますが、MHはできません。一方で海洋では、低温高圧である水深一〇〇〇mほどの深海底下の地殻のなかに数一〇m～数百mの厚さでメタンハイドレート安定ゾーンが存在します。深海堆積物は海底直下では海水と同じように低温ですが、深くなると次第に地殻温度が高くなりメタンハイドレートは存在しなくなります。つまり、日本沿海でも場所によってはメタンハイドレート堆積層が存在する可能性があるのです。

わが国は、二〇〇〇年初頭に御前崎から約五〇㎞沖の水深一〇〇〇mの海底南海トラフに、砂層型メタンハイドレートを発見したのに続き、二〇〇五年には、新たに日本海の直江津沖の水深九一〇mで巨大なメタン噴出を伴う海底表層型メタンハイドレートが魚群探査法で発見されました。

　ハイドレートを形成するゲスト分子は必ずしもメタン分子に限りません。図１‐９に示すように分子のサイズが三・八Åのアルゴンから六・五Åのイソ‐ブタンまでゲスト分子にはいろいろあります。実は分子サイズが四・六Åのメタンに近い二酸化炭素（CO_2）も容易にハイドレートを形成できるのです。ですから、もし地下でメタン分子とCO_2分子を置き換えることが出来れば有用なメタンガスを採集して替わりに炭酸ガスを地下に廃棄固定することが可能となるかもしれません。これは実験室では実証できているのです

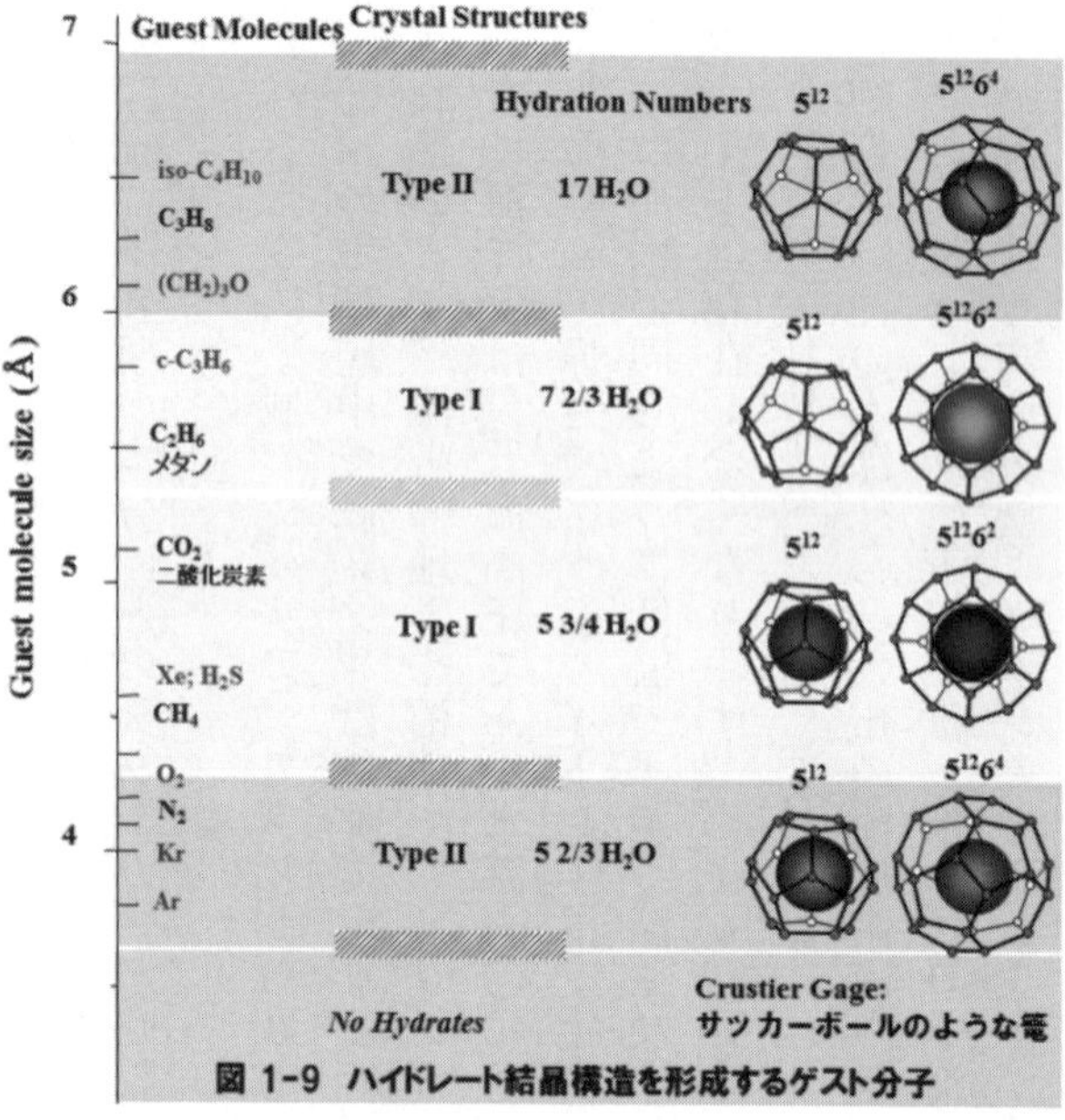

図 1-9　ハイドレート結晶構造を形成するゲスト分子

が、自然界では課題があります。新たなCO_2の地中固定法として挑戦に値する実験になりそうです。

MHが形成される条件は温度零℃では三〇気圧以上、一〇℃では六〇気圧以上、二〇℃になると二〇〇気圧以上の圧力が必要となります。MHは低温高圧条件では安定に存在しますが、私たちが住む地表条件では分解しながら周りの熱を奪う吸熱反応を起こすので、生成した水はすぐに氷の薄膜となります。これをMHの「自己保存効果」と呼び、地表の大気圧下ではマイナス二〇℃程度でMHは地上の簡易倉庫に長く保存できる利便性もあるのです。

MHの分解方法としては(一)熱刺激法、(二)減圧法、(三)分解促進剤注入法が提案されています。いずれも地層内で包含されているMHを短時間に分解することを促進する基本的プロセスです。これらの選択の条件としては、ハイドレート貯留層の岩石の固結性と透過性、地熱帯水層のような熱源の存在、MH層直下のフリーガス層の存在など総合的な判断が決め手です。

MHに熱を加えたり、減圧したりして完全に分解すると結晶体積の八割の純水と一七〇倍近い体積のメタンガスが得られ、多量な純水も水飢饉地域への救済に役立つと期待されています。またメタンガスは石油や石炭に比べて同一単位発熱当たりCO_2と窒素化合物の排出量が少なく、硫化物の排出が無いので地球環境に優しいのです。

世界と日本におけるメタンハイドレートの推定分布と資源量評価

世界のメタンハイドレート（ＭＨ）研究史上の最も重要なマイルストーンは、一九六五年ソ連邦のヤクーチャ自治区のビリューイで掘られた試掘井から世界で初めてのメタンハイドレート・コアが回収されたことです。また一九六七年に西シベリアの永久凍土地帯でオビ川河口付近の深度八〇〇～九〇〇ｍの砂岩層内に発見されたメソヤハ（Messoyakha）ガス田が一九六九年からガス生産を始めました。生産が進むにつれて枯渇するはずのガス層圧力が、一九七七年以降回復し始めて四年後には、初期ガス層圧力レベルにまで回復したのです。掘削コアサンプルを調べると深度二五〇～八七〇ｍにＭＨ含有層が存在し、その直下に単体のフリーガス層が数枚も分布しているガス田であることが判明しました。

一九七四年にはカナダのマッケンジーデルタでも天然のＭＨが浅い砂質層に埋蔵されていることを発見しました。世界の海域のＭＨ調査は一九六八年に始まった国際深海掘削計画の長い活動の中で、一九八〇年頃より深海域への関心が高まり、反射法地震探査や深海ボーリング、あるいは潜水調査など様々な手法によるMH探査が進んだ結果、メキシコ沖、グァテマラ沖、コスタリカ沖、ペルー沖、オレゴン沖やブレークリッジ海嶺などの海底堆積物から天然MHのサンプルが回収されています。日本沿海では南海トラフ、サハリン島沖のオホーツク海が注目されています。

　MH資源量の評価は、一九七七年に発表したトロフィムク(Trofimuk)ら以降、表1-5に列挙されるように多くの学者、研究者達が発表しています。

　一九八八年になるとノルウェーのクヴェンボルデン(Kvenvolden)が、世界の海域のMH原始資源量を一万七六〇〇兆m³と報告。一九九八年には陸域も含めた世界全体の原始資源量を二万一〇〇〇兆m³と上方修正しています。おそらくこの報告が今のところ一番信頼できる評価と見なされていま

表1-5　世界の天然ガスハイドレートのメタンの原始資源量評価事例

（単位：兆立方メートル）

出典年/報告者	陸域	海域	全世界
1977/Trofimuk et.al.	57	5,000～25,000	－
1979/Dobrynin & Korotajer	28,000(?)	7,600,000(?)	超過大評価(?)
1981/McIver	31	3,100	3,131
1981/Meyer	14	－	－
1988/Kvenvolden	－	17,600	－
1990/MacDonald	750	19,500	20,250
1994/Gormiz & Fung	－	26,400～139,000	－
1998/Kvenvolden			1,000～46,000
1998/Kvenvolden"Consensus"	－	－	21,000

（参考：2010年末の世界の天然ガス確認埋蔵量は約188兆m³、年間生産量は約4.0の規模、　1兆m³＝35.3兆立方フィート）

す。

さて、わが国周辺に関してはどうでしょうか？　先ず日本領土内の在来型天然ガスの確認埋蔵量は約四〇一億㎥（一・四二 Tcf）で、この量はわが国の一年間のガス消費量の三割強に過ぎません。これに対しメタンハイドレートの資源量は、一九九六年に地質学会に佐藤幹夫氏が発表した論文によると、日本周辺海域に賦存するメタンハイドレート中のメタン原始資源量の試算値は四・一三〜二〇・六四兆㎥の幅があり、その期待値は七・四兆㎥すなわち約二六一 Tcf と報告されています。現在の日本の天然ガス年間消費量は約一二〇〇億㎥なので、回収率を仮に一〇％と仮定すれば、約六年分のガス供給量にの規模に相当します。ちなみにわが国の国産ガスの累計産出量は一二三〇億㎥と微量なので、ＭＨの商業化は魅力ある挑戦であるわけです。

ＭＨ21資源化研究の経緯と世界初の海上産出試験

わが国の本格的なＭＨ調査研究は一九七七年頃に始まりました。一九九五年から旧石油公団が先ずＭＨ特別研究プロジェクトを立ち上げ、一九九九年（平成一一年）一一月に天竜川河口沖合の約五〇㎞、水深九五四ｍの地点で開坑。坑井検層で海底下二二五〜

二九五五mの砂層内約一四mのMH層が検出でき、全砂岩層のコアサンプルを日本で初めて採集しました。しかしフリーガス層はどこにもありませんでした。

わが国周辺海域に賦存が期待されるＭＨを次世代のエネルギー資源として位置付け、経済的な坑井掘削、商業生産のための技術研究を目的として、経済産業省は二〇〇一年にメタンハイドレート資源開発研究計画（ＭＨ21研究コンソーシアム）を産学官連携で立ち上げました。ＭＨ**21**研究活動は図１―10で示した三つのフェーズ段階で進められています。

フェーズ‐２では、海洋生産試験に選ばれたＭＨ有望賦存海域は渥美半島～志摩半島の沖合約七〇㎞の「第二渥美海丘」でした。二〇一三年一月下旬から深海掘削船「ちきゅう」（五万七〇〇〇総トン）を現地に停泊させ、第一回海洋産出試験の準備を始めました。「ちきゅう」は船体の中央部に高さ一二〇ｍの掘削やぐらを持ち最大水深二五〇〇ｍ深海のライザー管内にドリルパイプを下ろし、地殻のマントルまで到達が可能な世界最大級のドリルシップです（図１‐11）。

三月一二日未明に水中ポンプで水をくみ上げ減圧を開始して、午前中には世界で初めてとなるメタンハイドレートの分解メタンガスが確認されました（図１‐11）。その後、ガス生産実験を概ね計画通り日夜継続しましたが、天候の悪化で実験を打ち切りました。約六日間の累計ガス生産量は一二万㎥、日量平均レートは約二万㎥とまだ商業規模には程遠かったものの、五年前にカナダで行った陸上産出試験での生産総量と比較して九倍のレートでの海洋生産ができたのです。

メタンハイドレート商業生産までには多くのハードルが

フェーズ‐1において、ＭＨ探査を担当した石油天然ガス・金属鉱物資源機構（ＪＯＧＭＥＣ）の資源量評価グループは日本周辺海域で過去に計測した地震探査データを細かく分析し図1‐12のようなＭＨ賦存状況図を公表しました。その中で最も期待される「東部南海トラフ（東海沖～熊野灘）」原始資源量は日本のＬＮＧ輸入量の約一一年分の規模と言われます。

確かにＭＨは日本周辺海域に広く分布して原始資源量は膨大のようですが、回収率は極めて小さい懸念があります。生産システムがいろいろ想定されますが、実は未だ最適な生産手法・革新的な回収システムが実証されていないのが実情です。ガス井一坑井あ

図1−10　わが国のメタンハイドレートの開発研究計画

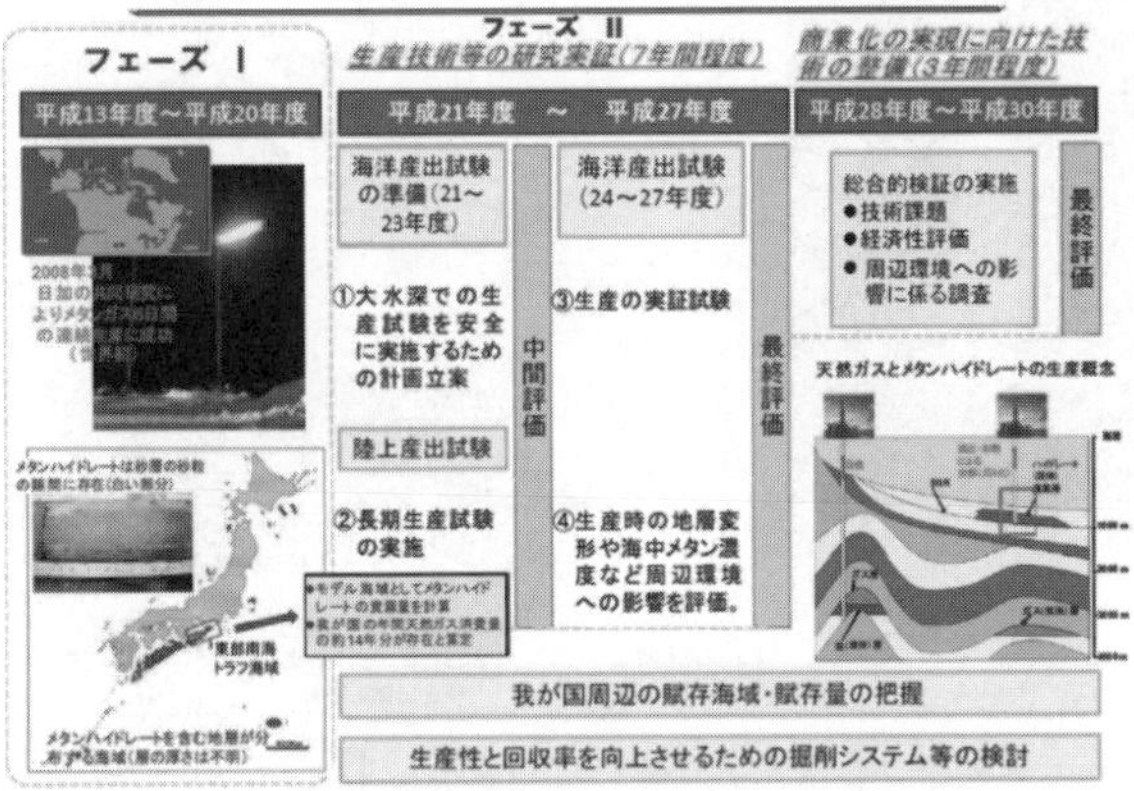

（出所）経済産業省HP「海洋エネルギー・鉱物資源開発計画」
参考資料1：http://www.meti.go.jp/report/data/g90324aj.html

図1−11　　ガス生産実験の様子

＜船尾に設置したバーナーでのフレア処理＞　※JOGMEC 提供

図 1-12 日本周辺海域のメタンハイドレート賦存状況

燃えるメタンハイドレート

出所：石油天然ガス・金属鉱物資源機構

たりで最低でも日量数十万㎥程度の商業生産が実現できる革新的生産手法が発明できるかが課題です。出砂障害を完全に防ぎ、海底崩壊や地すべりを回避しながらＭＨの高レート生産操業を何年も続けられなければならないのです。

ＭＨの商業開発化を巡っては、悲観的意見が多いのも事実です。「膨大な原始埋蔵量にも関わらず回収率が低い。回収技術の実証をみない限りは商業生産は無理」「既存の石油開発技術の延長ではなく、深海底土木工学とジオ・ソリューション・マイニングなど異業種技術の融合による Multi-disciplinary Approach が必要」「海底崩壊、地すべりや出砂障害を回避しながらＭＨ採掘が可能になる

『深海底地盤工学』の誕生が待たれる」など、技術的観点からの意見が聞かれます。「日本にはカナダやシベリアのような陸域永久凍土が存在せず経済条件が見合わない」「経済性が見通せるまでの間、データの採集は国研、所管官庁、大学の仕事」「現下の国の研究支援と予算規模には満足できない」など意見もあります。

MH鉱床を膨大な次世代エネルギー資源に転換することは、魔法のような革新技術を発明することに等しく、まさに人類の挑戦といえます。思えば一九六〇年代に米国のフィリップスが荒れ狂う北海で水深三〇〇m級の大深水掘削に挑んだ結果、エコフィスク巨大油田の大発見があり、また米国がソ連と国の威信を賭けて研究開発を競いあった結果、月面に人類を送る夢の「アポロプロジェクト」に繋がったのです。MH開発は、不可能と思われていたことを可能にしたこれら事業に匹敵するプロジェクトであり、次世代のエネルギーを背負う若者たちの夢の挑戦なのです。

表1-3　世界の非在来型および在来型天然ガス資源量評価総覧

2012 assessment	非在来型 天然ガス資源 Technically Recoverable Resources				在来型 天然ガス資源 Conventional Natural Gas Resources			
Gas Volume Unit: (Tcf) (1 Tcf = 283 億m³)	Shale gas *2)	Coalbed methane *3)	Tight sand gas *3)	Methane hydrate (In-Places) *4)	Ultimate Recoverable Resources (2010 年*5)	Proved Reserves (2012 end) *1)	2012 年 Gas Prod. *1)	R/P ratio
North America	1,236	3,017	1,371	238,567	2,636	370.0	29.58	12.5
United States	665	—	—	—	—	300.0	24.05	12.5
Canada	573	—	—	—	—	70	5.52	12.7
Latin America	1,975	39	1,293	178,935	1,006	281.0	8.32	33.8
Mexico	545	—	—	—	—	12.7	2.07	6.2
Trinidad & Tobago	—	—	—	—	—	13.3	1.49	8.9
Argentina	802	—	—	—	—	11.3	1.33	8.5
Brazil	245	—	—	—	—	16.0	0.66	26.0
Venezuela	167	—	—	—	—	196.4	1.16	169.0
Europe excl. FSU	230	275	431	29,816	778	124.4	9.62	12.9
Former Soviet Union	655	3,957	901	164,007	4,844	1,938.1	26.93	72.0
Russian Federation	285	—	—	—	—	1,162.5	21.01	55.3
Middle East	31	0	823	7,444	4,168	2,842.9	16.36	174.0
Iran	Not study	—	—	—	—	1,187.3	5.67	209.0
Qatar	yet	—	—	—	—	885.1	5.54	209.0
Saudi Arabia		—	—	—	—	290.8	3.63	80.0
Africa	1,362	39	784	14,928	1,285	512.0	7.63	67.1
Algeria	707	—	—	—	—	159.1	2.88	55.3
Egypt	100	—	—	—	—	72.1	2.15	33.5
Libya	122	—	—	—	—	54.6	0.43	120.0
Nigeria	—	—	—	—	—	182.0	1.52	157.0
Asia Pacific	1,808	1,724	1,803	96,932	1,458	545.6	17.30	31.5
China	1,115	—	—	—	—	109.3	3.78	28.9
India	96	—	—	—	—	47.0	1.42	33.1
Pakistan	105	—	—	—	—	22.7	1.46	15.5
Indonesia	46	—	—	—	—	103.3	2.51	41.2
Malaysia	—	—	—	—	—	46.8	2.30	20.3
Australia	437	—	—	—	—	132.8	1.73	56.7
WORLD TOTAL	7,299	9,051	7,405	730,589	16,175	6,614	118.7	55.7

Note: This Table was updated and recompiled by Dr. K. Fujita on Oct. 2, 2013

(It should be noted that resources assessment for Methane Hydrate is highly presumable and ambiguous.)

Data Sources:

1) BP Statistical Review of World Energy. (June 2013)

2) Technically Recoverable Shale Gas Resources prepared by ARI, (reported to EIA of DOE, June 2013)

3) SPE Paper 68755 : "Some Predictions of Possible Unconventional Hydrocarbons Availability Until 2100"
Y. Kawata and K. Fujita,the Univ. of Tokyo (April 2001), which was partially referred to Rogner's paper.

4) Hans-Holger Rogner: "An Assessment of World Hydrocarbon Resources", IIASA WP-96-56, May 1996

5) 石鉱連資源評価スタディ 2012年 「世界の石油・天然ガスの資源に関する2010年末評価」
座長：藤田和男、石油鉱業連盟、平成24年 (2012年)11月発刊

天然ガスの便利な単位換算表

1．単位（重量、容積、熱量、動力、圧力）の換算

重量の単位	トン（水は1m^3で1トン、他は比重をかける）						
容積の単位	1 m^3	=	1 kℓ	=	6.29 バレル	=	35.3 ft^3
	1 バレル	=	0.159 m^3	=	0.159 kℓ	=	5.61 ft^3
	1 ft^3	=	0.0283 m^3	=	0.0283 kℓ	=	0.178 バレル
熱量の単位（エネルギー量）	1 MJ	=	238.9 kcal	=	948 Btu	=	0.278 kWh
	1 Btu	=	1.055 kJ	=	0.252 kcal	=	0.292 Wh
	1 kcal	=	4.186 kJ	=	3.968 Btu	=	1.16 Wh
動力の単位（エネルギー消費量）	1 kW	=	3.60 MJ/h	=	860 kcal/h		
	1 MJ/h	=	0.278 kW	=	238.9 kcal/h		
	1 Mcal/h	=	4.186 MJ/h	=	1.16 kW		
圧力の単位	1 MPa	=	9.869 atm	=	145.0 psi	=	10.2 kg/cm^2
	1 atm	=	0.1013 MPa	=	14.7 psi	=	1.033 kg/cm^2
	1 psi	=	0.00689 MPa	=	0.068 atm	=	0.0703 kg/cm^2

※ 1999年9月より、SI単位表示が義務化されています。(計量法)
但し、本書では業界で広く使用されている単位については、SI単位に変換しないで表記しているところがあります。

※ ft^3＝cf　石油及び天然ガス業界では、立法フィート(cubic feet)をcfと表記するのが一般的です。
※ バレル　石油の国際的取引単位、bblと表記されます。
※ Btu　英国熱量単位(British Thermal Unit)　1 Therm＝10万Btu＝105.5MJ
※ psi　米国で使用される圧力単位(Pound per Square Inch)

2．単位の接頭語

			略記	国際単位系の表記
10^3	1000	thousand		k（キロ）
10^6	100万	million	M 又は MM（m 又は mm）	M（メガ）
10^9	10億	billion	B（b）	G（ギガ）
10^{12}	1兆	trillion	T（t）	T（テラ）

※ 略記は、文献により大文字、小文字いずれの表記もあります。本書では大文字で記しました。
※ 石油及び天然ガス業界では、慣例的に「1000」を「M」又は「m」で表し(例:1000立方フィート＝1mcf)
更に、100万を「MM」又は「mm」で表す(例:100万立方フィート＝1MMcf、100万Btu＝1MM Btu)
ことが通常行われています。 石油及び天然ガス業界のデータを扱う際には、「M」が、1000を示すのか100万を示すのか注意が必要です。

＜本文中に頻出する単位＞

1 Tcf (1 trillion cubic feet：1兆立法フィート)＝283億 m^3
1 MMBtu (1 million British thermal unit：100万英国熱量単位)＝1055MJ

3．天然ガスを中心としたエネルギー簡易換算表

数量換算	天然ガス・LNG	天然ガス	1 ft^3	＝ 0.0283 m^3
		天然ガス	1 億ft^3/日	＝ 10.3 億m^3/年
		天然ガス	100 億m^3	＝ LNG 725 万トン
		LNG	100 万トン	＝ 天然ガス 13.8 億m^3
エネルギー換算	原油換算 38.2MJ/kg		＜実数＞	＜原油換算＞
		LNG	1 万トン	＝ 1.41 万kℓ
		天然ガス	1 億m^3	＝ 10.7 万kℓ
		ナフサ	1 万kℓ	＝ 0.88 万kℓ
		LPG	1 万トン	＝ 1.30 万kℓ
		原料炭	1 万トン	＝ 0.75 万kℓ
		一般炭	1 万トン	＝ 0.69 万kℓ
		電力	1 億kWh	＝ 2.54 万kℓ

第一章　参考文献

①「トコトンやさしい天然ガスの本（第2版）監修・編著　藤田和男、島村常男ほか、日刊工業新聞社、２０１３年（平成25年）９月）

②「トコトンやさしい石油の本」（第2版）監修・編著　藤田和男、島村常男ほか、日刊工業新聞社、２０１４年（平成26年）２月）

③「石鉱連資源評価スタディ２０１２年：世界の石油・天然ガス等の資源に関する２０１０年末評価」（第6回石鉱連資源評価ワーキング・グループ報告書）石油鉱業連盟（２０１２年（平成24年）11月発行）

④Oil and Gas Journal, weekly magazine, the last week issue in December.
<http://www.ogj.com/newsletters.html>

⑤ＢＰ統計：bp Statistical Review of World Energy, June 2012 and June 2013
<http://www.bp.com/statisticalreview>

⑥DOE Report by Tight Sand WG, Dept. of Energy of USA,（1978）

⑦Kuuskraa and Meyer, “ 5th. IIASA Conference Energy Resources, 6/1980,CP-83-S4.（1987）

⑧NEDO：国内ＣＢＭ資源可能性調査（北海道地区）（1998）

第二章　開拓者魂と技術革新が産んだシェール開発ブーム

第一節　シェール増産を実現し開拓者魂と技術の礎を築いた二人の恩人

テキサス州バーネットシェールの父ジョージ ミッチェル氏の功績を辿る

エネルギー問題の世界的権威ダニエル・ヤーギン氏が「世界のエネルギー分野で今世紀最大の功労者」と最大級の賛辞を贈った「ジョージ ミッチェル氏」が去る二〇一三年七月二五日、テキサス州ヒューストンのご自宅で家族に見守られる中、老衰により亡くなりました。享年九四歳でした。

同氏は第一次世界大戦の終結後、ヴェルサイユ会議が開かれた頃、一九一九年にテキサス州の港町ガルベストン市で生を受けた生粋のヒューストニアンでした。石油産業がテキサス州に勃興したころに成長し、名門校テキサス農業鉱山大学（Texas A&M University）で石油工学と地質学を修め社会に巣立ちました。石油会社で現場経験を積んだ彼は太平洋戦争終戦後に弟のジョニーらと共に起業し、ヒューストンの下町で掘削リグ一基を元手に石油を掘り当てるワイルドキャッター（石油試掘者）として船出したのです。ミッチェルは石油ジオロジスト（鉱山技師）としての天分に恵まれ、テキサスの熱狂的なオイルブームが終わった後に北部テキサスにおいてブーンスビル・ガス田の大発見の先駆けとなるガス層を掘り当ててしまうのです。そして折よく全米に起こったガス需要ブームに乗りミッチェルはガス富豪として立志伝中の人となりました。

しかし、ガス田の性（さが）、その後ミッチェルのガス井戸の生産能力に翳りが見え、販売先のNGPL社から厳しい供給要請が矢継ぎ早に催促されて窮地に陥ります。そんな苦難の時、彼の会社の右腕であったジオロジストのジェームス ヘンリーとの間で本音の激論を交わしたことで、社長ミッチェルの石油開発魂に火をつけたのです。今まで発見したフォートワース堆積盆地の在来型石油やガスは、すべてその直下に横たわる古い地層ミシシッピー紀のバーネットシェールにある油母頁岩の中で作られたに違いないという信念を持ったのです。そこで彼らは周りの反対も相手にせず、バーネットシェール開発の号令を放ったのです。それは石油危機が過ぎ去った一九八一年のことでした。

図2-1に見られるように、一九八六年にバーネットシェール層を目掛けて試掘井C・Wスレイ一号井がワイズ郡ニューワーク村で掘られました。結果は芳しくなくドライ井戸でしたが、ミッチェル達の長くて苦難の挑戦がここから始まったのです。以後五年間で四一本の探掘井を掘り、その後の一〇年間に何と三〇四坑のシェールガス井を掘削

し、生産能力の改善努力やコスト削減のための試行錯誤を繰り返したのです。しかし際立った成果が得られない中で次第に資金が不足し不動産の切り売りをせざるを得なくなりました。諦めなかった彼に幸運の女神が微笑んだのは、彼が持つ鉱区の大深度にガス資源を埋蔵するバーネットシェールが横たわっていたことでした。経験ある地質屋の勘が働いたのでしょう。また彼が自社で掘削クルーを雇っていたことで失敗に関する掘削データが続々集積していたことも幸運でした。

転機が訪れたのは、彼が七八歳になった一九九七年のことでした。新たに試作したスリックウオーターフラッキング（SWF）新技術が生産性とコスト両方の壁をブレイクスルー出来たのです。当時、水圧破砕はタイトサンドガス開発で使われて

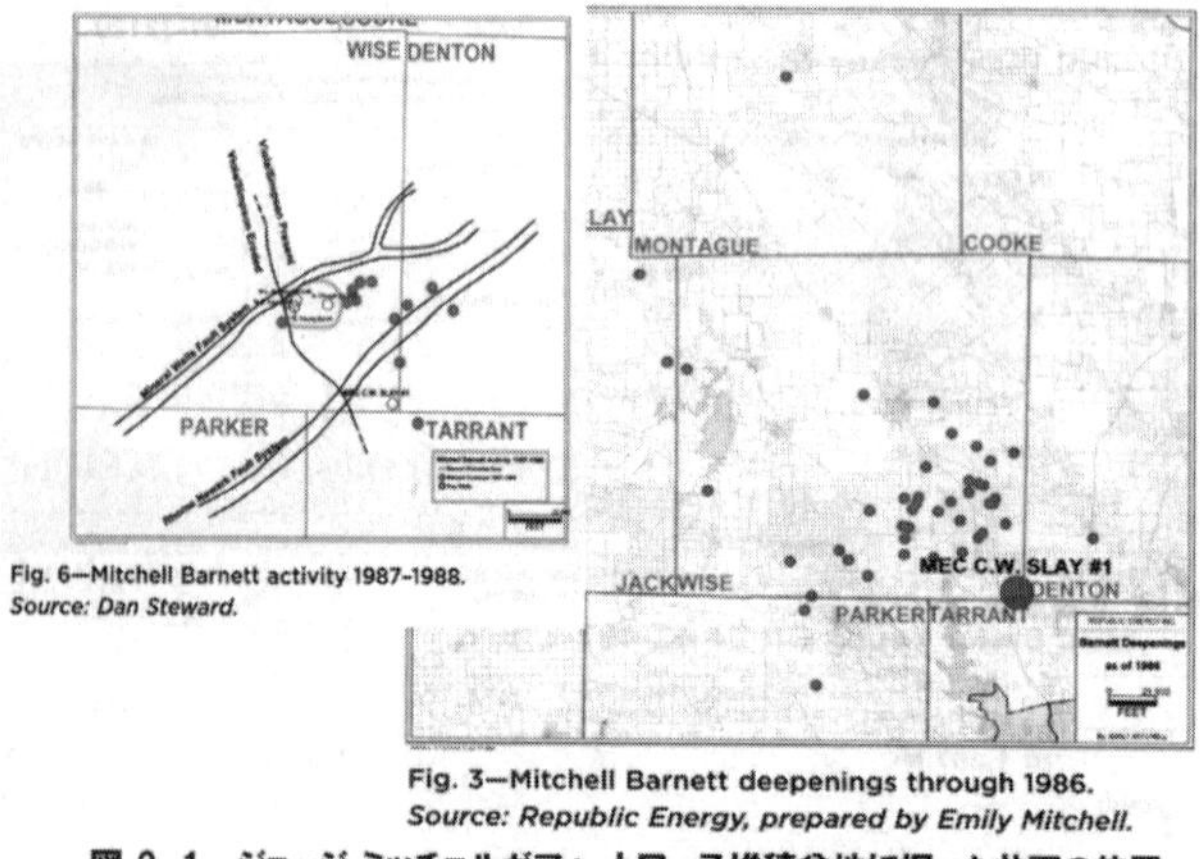

Fig. 6—Mitchell Barnett activity 1987-1988.
Source: Dan Steward.

Fig. 3—Mitchell Barnett deepenings through 1986.
Source: Republic Energy, prepared by Emily Mitchell.

図 2-1　ジョージ ミッチェルがフォートワース堆積盆地に掘った井戸の位置
～1986年バーネットシェールを目掛け深堀に着手～

いた高価な大規模水圧破砕法（ＭＨＦ）を転用していましたが、ＳＷＦでは地下で高粘度化するように増粘剤を加えた流体を高圧、高速で圧入。最小地層応力の方向に平面上の亀裂を作り、その中に割れ目支持役のプロパント（Proppant）と呼ばれる細かい砂粒を充填し支持することで、流路を形成する手法でした。エネルギー省の補助金を当てにしたＭＨＦを使ったフラッキングがコスト的にシェールガスには不向きであると思っていたミッチェルにとって、仲間の一人が東テキサスのコットンバレー・ガス田のタイトサンドガス井に採用した新手法ＳＷＦで成功したとのニュースを聞いて即、バーネットに実践してみたのです。このようにミッチェルは認知度の低い新技術であるにもかかわらず、閃きを得れば即実践する人でした。

バーネットシェールの商業開発に目処をつけたミッチェルの成功は、やがて同業者の知るところとなり、バーネット　シェールのリース権益の買い値が人知れず上昇していきます。予めミッチェルはリース権益の値上がりを見越して、広大なリース権利を入手していました。当然、新技術のＳＷＦはひた隠しにしておりました。バーネットシェールのリース権利の十分な値上がりを確信したミッチェルは、二〇〇二年一月、彼が八〇歳を超えたとき役割を終えたと思い、自らのミッチェル　エナジー社（Mitchell　Energy　&

Development Corporation）をインディペンデント石油開発会社のデボン社（Devon Energy）に三五億ドルで売却し、一七年に及ぶ石油開発の挑戦に幕を下ろしたかに見せかけたのです。

ところが幸運の女神は再度ミッチェルに微笑みかける事となりました。二〇〇四年ごろからニューヨーク市場においてＷＴＩ原油先物価格が上昇傾向を示したのです。原油価格のその後の高騰により、非在来型ガスや油の開発ブームが遼原の火となって米国全土に広がります。ミッチェル達の　バーネット　シェール（Barnett Shale）での成功は、今まで非浸透性シェール構造に捕われて採収不可能であった炭化水素を、新たに編み出した水圧破砕（フラッキング）の革新的ＳＷＦ技術により多量なガスを引き出すことができるようになったことです。この新技術は、その後にデボン社が得意とする長距離水平掘削技術やシュルンベルジュ社が開発した井戸周りのマイクロ音波探査技術（マイクロサイスミックモニタリング）と結び付き数千ｍ地下のシェール層からガスや軽質原油まで大増産が可能となりました。

驚いたことには、彼は還暦を過ぎてから、独力で技術開発に挑戦し、失敗の連続で一時は資金を使い尽くしても怯まず、様々な苦難と落胆を乗り越え、八〇歳を超える頃となって成功を見届けたのです。その新技術が今や、米国を、そして世界のエネルギー需給構造を変えようとしています。言わずと知れた「シェールガス革命の父」なのです。なぜミッチェルに幸運の女神が何度も微笑んだのでしょうか？最近テキサスで私が見つけた大衆雑誌「Texas Monthly 二〇一三年一一月号」に載った彼に関する特集記事には、「ミッチェルは石油探鉱の時代の常識にとらわれず、研ぎ澄まされた“persistence（執念）”を持ち愚直に突き進んだ。また自ら起業した会社の掘削リグを駆使して現場第一主義の信念で

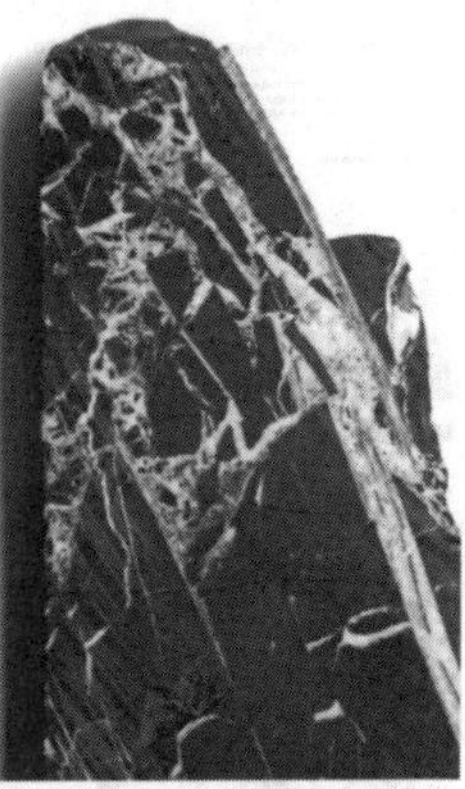

Fig. 4—Barnett core in faulted area. *Courtesy of Dan Steward.*

シェールガス革命の父　故ジョージミッチェル氏とバーネットシェール

“experimentation（実践）”した」と書かれ、こうした彼の姿勢に女神が微笑んだのでしょう。

テリー・エンゲルダー教授はマーセラスシェール開発ブームの火付け役

もう一人はペンシルバニア州立大学の地球科学科「テリー・エンゲルダー教授」です。私がテキサス大学の石油工学部大学院に留学した一年前の一九六八年に、彼はペンシルバニア州立大学で地質学（B・S）を修めた後、エール大学大学院に入り、一九七二年に修士号（M・S）を、並行して研究を進めたミッチェルと同じテキサス農業鉱山大学で一九七三年博士号を取得するという異色の学歴を持っています。彼の職歴も幅広くバラエティーに富み、若いころは米国地質調査所に勤務した後、大手石油会社テキサコに、またコロンビア大学に勤務しています。また客員教授としてはオーストリアのグレイツ大学やイタリアのペルジア大学で教鞭をとったことがあります。彼が発表した研究論文は一六〇件以上に及び、アパラチアンの石炭や石油岩石の地質学、岩石力学が主なテーマでした。そのなかでも彼の過去三五年間にわたる研究テーマの中心は地球岩盤の応力とフラクチャー形成の岩石力学でした。彼が石油探鉱開発・生産分野で貢献した国際石油会社はサウジアラムコ、ロイヤルダッチシェル、トタール、アジップ、ペトロブラスなどで世界を股に駆けたグローバル探鉱技術者でした。二〇一一年に彼は、シェールガスは新しいエネルギー源になるという国際世論を喚起した功績でフォーリンポリシー専門誌の一〇〇人の国際的賢人の一人に選ばれています。

テリー・エンゲルダー教授

振り返れば、彼は一九八五年に発表した論文で、アパラチアン堆積盆のデボニアン ブラックシェールの部層にあるマーセラス シェール (Marcellus Shale) について明らかにしています。ウエストバージニア州から北西方向にニューヨーク州まで約六四〇㎞も続く広大な頁岩堆積盆地の中に、デボン紀の大古の地層内に熟成した石油やガスが、在来型油・ガス田へ向かって移動した後に、膨大なガスが残留しているはずと予言したのです。しかし、このガスを採り出すためには革新的水圧破砕（フラッキング）技術が欠くべからずの要件であるとも述べていました。

その後二〇年余り誰にも相手にされずに封印されていましたが、二〇〇七年一二月にエンゲルダー教授とレンジ・リソーシーズ(Range Resources Corp.)社が実施した水平坑仕上げと大規模な多段階フラッキングのパイロットテストが大成功、一躍エンゲルダー教授は「時の人」となりました。エンゲルダー教授の米国地質学会での成果報告が、米国内にある多くの中小独立系石油開発会社に火をつけたのです。

近年、わが国がチャレンジしている海洋メタンハイドレート層の資源化にもエンゲルダー教授のような強い信念を持ち地道な商業化研究を推進すべきでしょう。

第二節　シェールガス増産の革新技術とは

長距離水平坑仕上げ技術と多段階水圧破砕法

筆者は二〇一一年一〇月中旬にワシントンDCで開かれた第三〇回米国/国際エネルギー経済学会に出席しました。その折、米国石油省のスタッフが引率する現地ツアーに参加し、ペンシルバニア州南西部地区でRange Resources Corp.社(以下RRC社)が手掛ける Marcellus shale gas 開発生産現場を見学する機会を得ました。筆者にとってまさに「新・東方見聞録」のようなものでした。詳しくは石油鉱業連盟・石油開発時報 No.171（二〇一一年一一月）を参照下さい。

私たちが訪れたＲＲＣ社のシェールガス掘削リグ No.315 の掘削現場で得た知見では、この井戸は垂直深度約一九〇〇ｍでキックオフし、マッドモーター増角ビッドで一〇〇フィート当たり一〇度づつ増角し九〇〇フィートぐらい掘ると水平坑堀りに入り、水平坑区間約一二五〇ｍを含めた総掘削長三一三五ｍの井戸でした。リグのレンタル費用が一日四～五万ドルと国際相場より遥かに安いのに驚きましたが、水平仕上げのセメンチィングや穿孔コスト、フラッキングや検層ログ、マイクロサイスミック、試ガステストなどのサービス費用などすべてのコストを含めると、一坑井掘るのに総額約一〇〇〇万ドル（約八億円）ほど掛かる高価な井戸となります。整地した面積四エーカーほどの掘削基地（drilling pad）から七～九坑掘るので、一掘削基地の投資総額は一億ドル（約八〇億円）を見込まなければならないとのことでした。

非在来型鉱床のシェールガス・オイルの開発で採用されている水圧破砕法（ハイドロフラクチャリングまたはフラッキング技術）の作業概念図を図２‐２に示します。現場では搭載された圧入ポンプトラックを二〇台ほど並べます。フラクチャリング流体（清水、砂、化学添加剤など）を現場に調達するために約二〇〇台の大型トラックローリー車がひっきりなく行き来するため、騒音や土ぼこりや排ガス、二酸化炭素（CO^{2}）の公害問題に住民から苦情が出ることがあるそうです。

図2‐3に示されるように、シェールガス開発の新技術は、生産シェール層の中に通常一km以上の長距離水平坑を仕上げ、その水平部を通常一〇ステージ以上に分割し、最深部から順番に穿孔（ガンパー）、水圧破砕、次のフラッキングのためパッカーをセットする作業を繰り返し実施するという高等技術です。二〇〇五年頃、テキサス州バーネットシェールを対象に実証的に採用した水平坑内

図 2-2 シェールガス井の水圧破砕作業

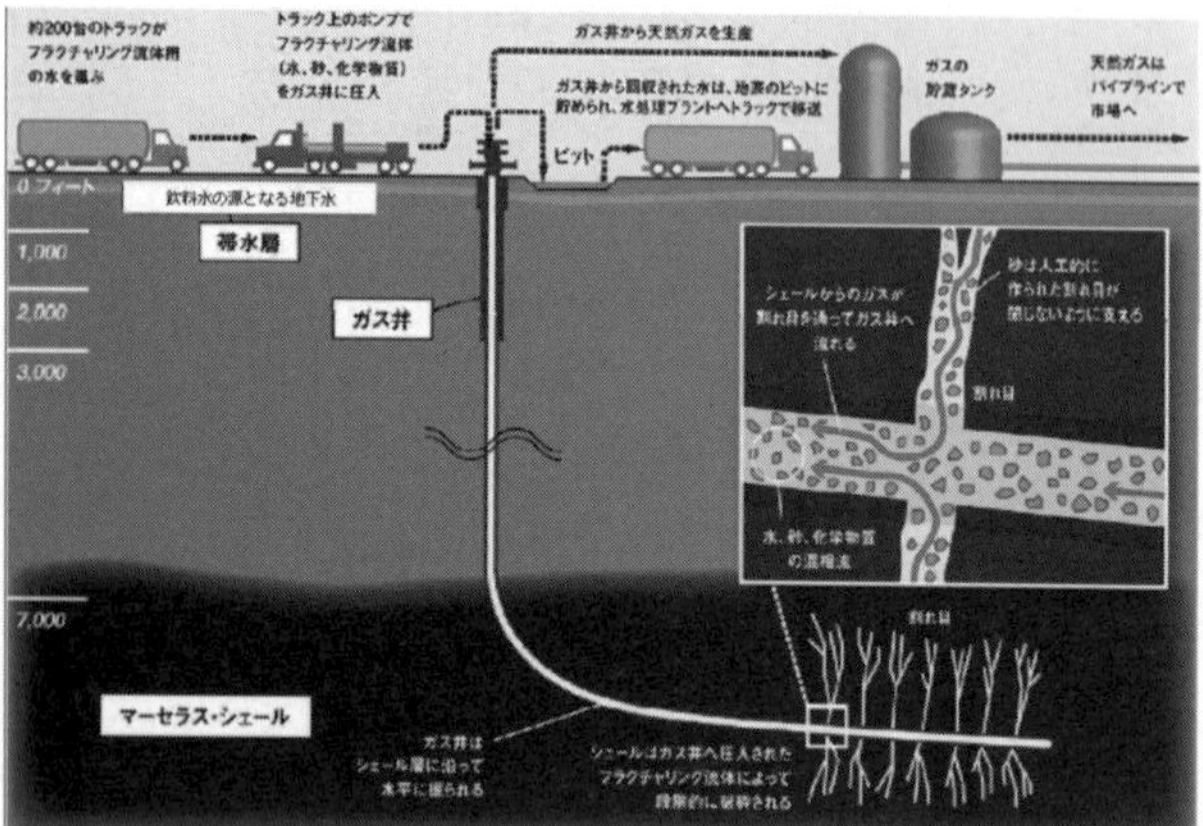

の段数は最大四ステージぐらいに過ぎませんでしたが、現在では一ステージ約一二五m前後で一〇段から二〇段の多段階水圧破砕法が実用化しているのです。

　このマーセラスシェール開発現場では、確かに凄い勢いで一パッド基地から七~九本の水平掘り坑井を連続して手際よく掘り、それぞれに一〇ステージ前後のフラッキングを実施して、過去には全く生産できなかった堅いシェールロックから一本当たり一・六百万立法フィート(日量四万五三〇〇m^3)×八坑井=約三八万m^3ものガス生産を可能としました。まさに、これらの技術は本物だったのです。

IT技術の駆使がシェール開発を促進させた

　シェールガスの開発は技術主導型といわれ、製造業・アートに近いIT技術を駆使しています。新規のシェー

図 2-3 シェールガスの増産を実現した新技術

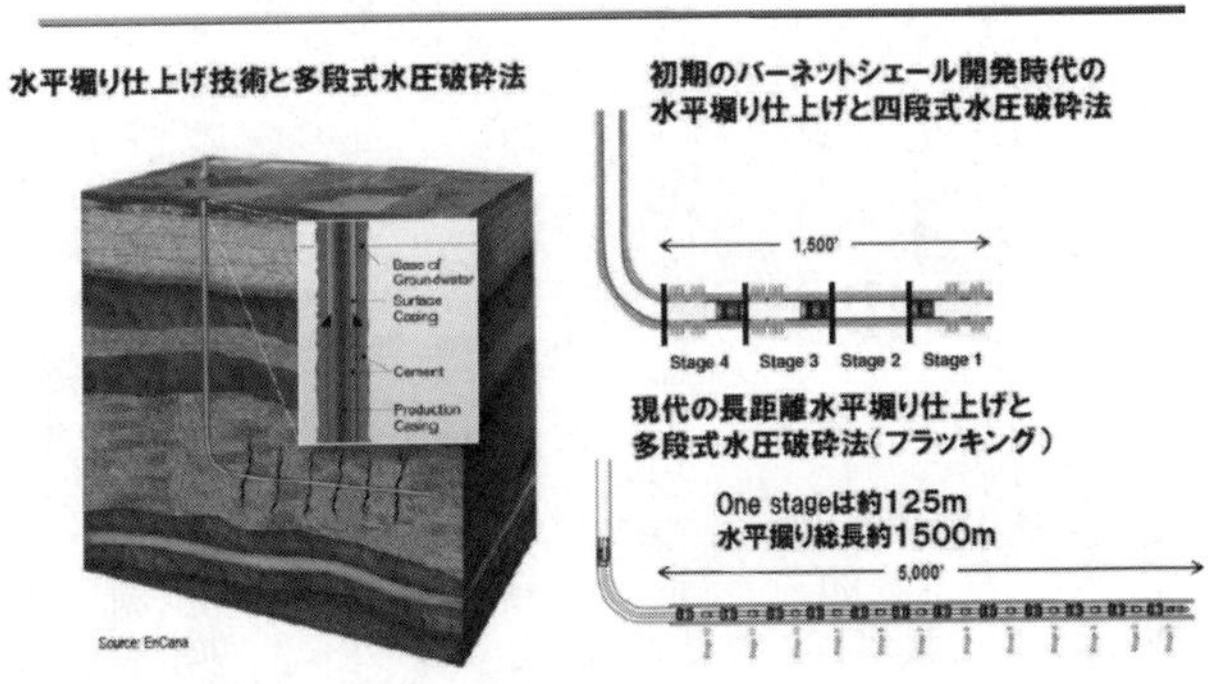

ルガス探鉱・開発事業は、米国ではメジャーではなくジョージ ミッチェル会社のような独立系石油開発企業が中心となって事業をスタートさせました。つまり複雑できめ細かな根気の要る作業が必要なことから、作業コントラクターの業者数が在来型ガス開発操業に比べ多いのです。

非在来型のガス井の生産減退率は高く、一坑あたりの生産レートは在来型に比べオーダーが一桁低いので、商業生産量確保のためには在来型よりも多くの井戸数を要するのです。従って、一つの掘削基地（パッド）から数多くの水平仕上げ坑井の掘削が実現したのです。水平部分の長さが二㎞を超える水平坑井や水平部分へ二〇ステップもの多段階水圧破砕まで出現するようになっています。いずれも必要数の決定は収益性との兼ね合いです。

割れ目が貯留層中に広がらず、上下に成長し、帽岩（キャップロック）を壊し、他の貯留層や帯水層につながってしまうと、ガスの回収に支障をきたします。そこで、割れ目に関する情報を少しでも多く得るために、割れ目そのものを観測するＩＴ技術開発が進められました。マイクロサイスミック技術（図２‐４）により、形成されたフラクチャーの成長や広がりも把握できるようになっています。もしも最初の仕事で十分な形成効果が認められない場合は、井戸を仕上げる前にもう一度フラッキングを掛けることも可能となりました。

ところで、マイクロサイスミックとは、割れ目が形成される時に発生する地震波（P波、S波）を観測し、解析して割れ目の広がりを評価し、ガス回収の効率向上に必要な情報（割れ目のマッピング）を提供する技術です。二〇〇〇年以降、マイクロサイスミックには現場で六〇〇〇件以上の適用事例があるそうで、この新しい高度な技術は、技術プロセス（作業の計画、実行、分析、解釈）に改善が積み重ねられ現在では効果的なツールとなっています。

しかしながら水平坑井、水圧破砕、マイクロサイスミックという、三種の神器さえ実践すれば効率的に経済合理性をもってシェールガスの開発を成功に導けるわけではありません。そこには、非在来型と言われたシェールガスを経済的に地下から取り出す「技術サイクル」を設計する第四のツールが必要です。すなわち、「油層工学（Reservoir Engineering）」により地下に眠る原始資源量評価と坑井生産量挙動と坑井の究極可採量（EUR: Estimated Ultimate Recovery）などをより精度よく計算できる貯留層シミュレーションモデルを構築します。生産開始後に計測、計量したガス、油、水の生産量や圧力、温度などの時系列挙動の実績データに合うように当初のモデルの入力データを調整するヒストリーマッチングプロセスによる評価作業が必要なのです。

まず地化学検層データからシェールの鉱物組成[炭酸塩、黄鉄鉱（Pyrite）、粘土、石英、TOC（Total Organic Carbon）など]を分析します。岩石中のTOCを知ることで、マトリクスの孔隙率と水飽和率が分かり、シェールの浸透率とシェール中のガス量（孔隙内とシェールの有機物に吸着の二種類）を推定します。シェール中の有機物はガス源のみならずガスの吸収媒体であることに留意しなければなりません。地化学検層データからは粘土分のタイプも分かり、それが水圧破砕に用いる圧入流体の仕様を決める

図 2-4 坑井内のMicro Seismic Monitoring技術によりフラクチャリングの形成効果を高精度に分析可能

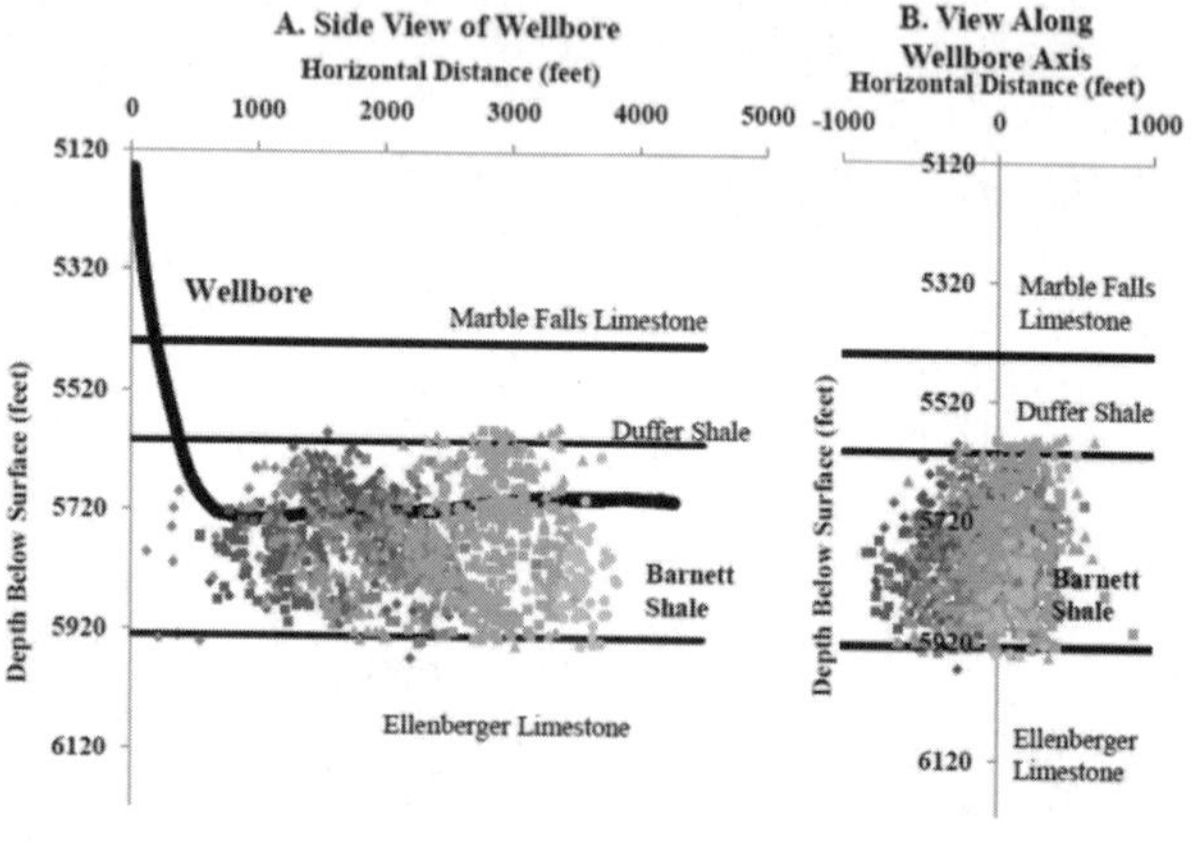

根拠となります。

次にElectrical Imaging検層とSonic検層データから貯留岩の元来のフラクチャーと掘削上の割れ目に分類し、シェール中で最も浸透率の高そうな箇所を探し当てます。そこに穿孔とフラクチャリングを施し高生産レートを目指すのです。地層圧力の計測も必要です。水平掘りや傾斜掘り、ＭＷＤ（Measurement While Drilling）、ガンマ線検層他の掘削・検層技術により貯留岩特性を分析把握し、貯留岩内の流体挙動シミュレーションモデルを構築します。シェールガスを開発するオペレーターには、この高精度貯留層シミュレーションモデルの構築と適切な技術サイクルの最先端の実践が求められるのです。

技術サイクルの適用ノウハウを身に付けたオペレーターが手がける開発プロジェクトでは、作業の失敗が減って効率も高まり、初期生産レートもＶ字回復が見られ、総じて、ガスの産出コストも低下傾向になります。結果として、初日産のガスレートの効率化、埋蔵量推定精度と経済性の向上に繋がります。そして米国ではシェールガス開発に高額投資が集中するようになりました。この技術進展が波及し、生産コストよりも高い一定のマージンを得られるガス価格が維持されるならば、シェールガスの開発は世界中に進展してゆく可能性もあるのです。

第三節　米国シェールガス・タイトオイルブームの裏側

米国のシェールガス堆積盆地、生産実績と将来見通し

世界で一番長い一五〇年の石油探鉱開発の歴史と操業経験を持つ米国では、石油危機の時代一九七八年頃、天然ガスの国内需要の増加と在来型天然ガスの生産減退に対処するために、「非在来型天然ガス資源の増進回収に係る研究開発プログラム」を導入し、税制優遇措置（Section 29 Tax Credit）を施行して、タイトサンドガスやコールベッドメタン、シェールガスなどの非在来型天然ガス資源の開発を政策的に促進しました。その結果、非在来型天然ガスの年間生産量は、一九九四年に三・五六兆立法フィート（Tcf・全米の天然ガス総生産量一八・三 Tcf の一九％）、二〇〇〇年に五・六 Tcf（総生産量一九・二 Tcf の二九％）程度まで増えました。

二〇〇三年一月にワシントンＤＣの隣のアーリングトン市にあるＡＲＩ（Advanced Resources International）社を筆者らが訪ねた際に、Kuuskraa 社長から手渡された米国天然ガス生産量の二〇〇〇年までの実績推移グラフにその後の生産実績データを加えた図２

-5をご覧下さい。すなわち米国内の非在来型天然ガスの年産量は二〇〇〇年の五・六Tcfから二〇〇五年に八・〇Tcf（全米ガス総生産量一八・四Tcfの四四％）、さらに二〇〇七年に始まる原油価格高騰の追い風を受けたシェールガス開発ブームが加速し二〇一〇年には一三・三Tcf（総生産量二一・九Tcfの六〇％）、さらに二〇一一年には一五・四Tcf（総生産量二三・〇Tcfの六七％）に急増しました。一九九〇年以降、米国の天然ガス生産量の増加は、在来型ガスの生産減退を凌駕し、非在来型ガスの生産量の増加により賄われたことがよく分ります。二〇〇〇年以

図 2-5　米国の国内天然ガスの生産実績

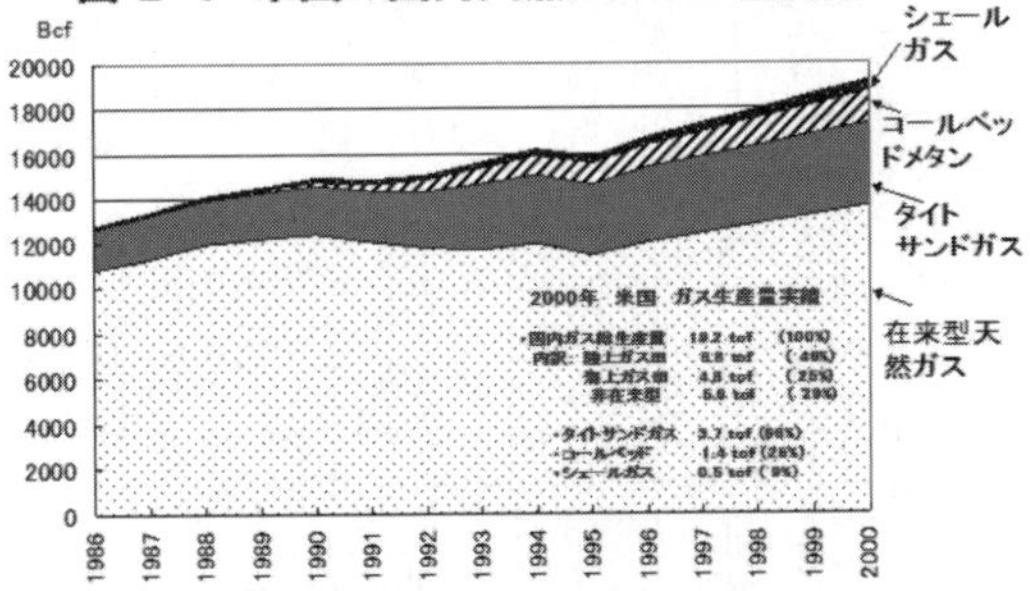

米国の国内天然ガス生産量構成の推移（2000～10年）

		2000年	05年	10年	2011年
米国内天然ガス年生産量		19.2Tcf (100%)	18.4Tcf (100%)	21.88Tcf (100%)	23.00Tcf(100%)
（その内訳）	陸上ガス田	8.8Tcf (46%)	N.E Tcf (—%)	5.86Tcf (27%)	5.47Tcf(24%)
	海上ガス田	4.8Tcf (25%)	N.E Tcf (—%)	2.76Tcf (13%)	2.11Tcf(9%)
	非在来型ガス	5.6Tcf (29%)	7.99Tcf (44%)	13.26Tcf (60%)	15.42Tcf(67%)
（非在来型ガス内訳）	タイトサンドガス	3.7Tcf (19%)	5.42Tcf (29%)	6.22Tcf (28%)	5.86Tcf(25%)
	コールベットメタン	1.4Tcf (7%)	1.74Tcf (9%)	1.71Tcf (8%)	1.71Tcf(7%)
	シェールガス	0.5Tcf (3%)	0.83Tcf (5%)	5.33Tcf (24%)	7.85Tcf(34%)

（注）Tcf＝兆立方フィート　出所：米エネルギー省エネルギー情報局（EIA）

来のこの一一年間に全米の天然ガス年産量のうち非在来型ガスが占める率は二九%から六七%に激増し、もはや非在来型ガスとは言えなくなりました。特にシェールガスの生産量シェアは、一一年前は全米総生産量の三%と微量であったのに二〇一一年には三四%と約一一倍に増えています。また直近の二〇一一年の七・八五 Tcf は前年から四七%も急増しています。因みに日本の年間ガス消費量は約三・五三 Tcf（すなわち、約一〇〇〇億㎥）ですので、今や米国のシェールガス生産量は日本の全消費量の一・五倍〜二・二倍の規模に急増しているのです。

この様に急増したシェールガスやシェールオイルの米国における主要生産堆積盆地の位置は図2‐6に示される一〇地域です。周知の通り米国シェールガス開発の緒は一九八一年に発見されたテキサス州ダラス フォートワース市に近い地域番号①バーネットシェールでした。各地域のシェールガス年産量の推移は図2‐7に図示されるように、パイオニア格の①バーネット シェールとミシガン州からオハイオ州の⑨アントゥリム シエールを追うように二〇〇六年頃からアリゾナ州の②ファイヤットビレ シェールやオクラホマ州の③ウッドフォード シェール、そして二〇〇八年頃からは、テキサス、ルイジアナ州にまたがる④ヘインズビレ シェールなどが次々に生産量を伸ばし、さらに二〇〇

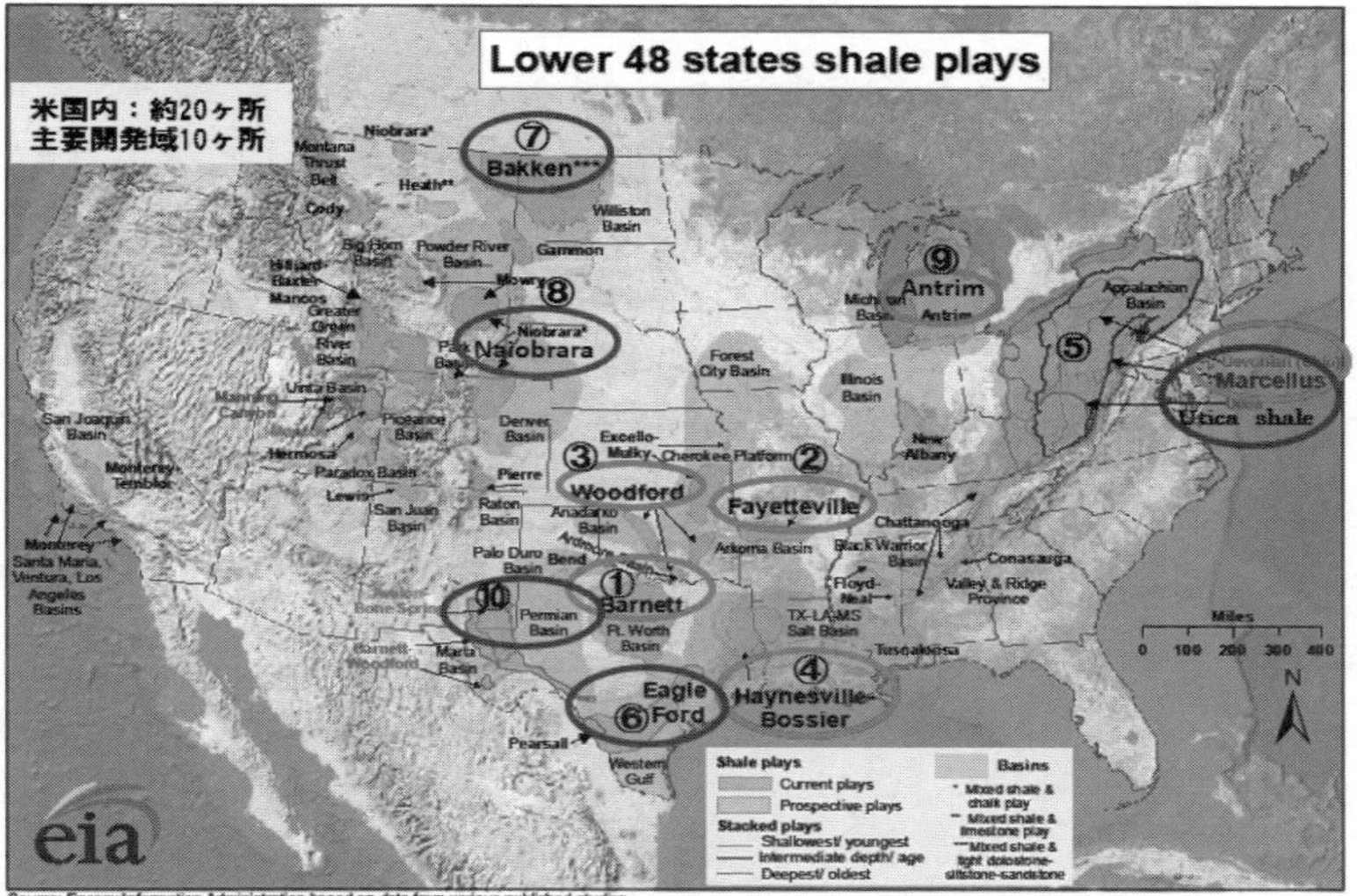

図 2-6　米国の主要シェールガス・オイル開発地域
（Barnett, Fayetteville, Haynesville, Marcellus ShaleがBIG 4 と呼ばれてきた。）

九年以後になるとペンシルバニア、ウエストバージニア、ニューヨーク州にまたがる二四万㎢と日本の本州よりも広い面積の⑤マーセラスシェール巨大堆積盆で活況を呈し始めました。さらに二〇一〇年代に入るとテキサス州南部の⑥イーグルフォード シェールで多量のガスコンデンセートやNGLが回収可能なウエット シェールガスの他、シェールの中に残留していた軽質原油（シェールオイル）の生産が盛んになりました。

すなわち北米シェールガス開発のブレイクスルーは、テキサス州北西部で二〇〇〇年以来地道に実証試験を重ねてきたバーネットシェールのガス開発が嚆矢と言えます。なんと、一㎞を超える長距離水平坑井仕上げに一〇ステップ以上の多段階ハイドロフラクチャリングを実施するなど高度な革新技術が二〇〇七〜〇八年の油価高騰の追い風を受けて実用化し、革命的増産を実証したことが奇跡として注目されました。その結果、二〇一〇年代に入ると米国のエネルギー産業・化学工業界では「シェールガス革命」の到来と世界の識者、企業経営者やメディア業界の間で話題となりました。特に日本のメディアは「新型ガス資源」と囃したてました。果たしてそれは真実のトレンドなのか，否、一過性の線香花火現象なのか？ 本書では技術的側面と経済的・ジオポリティックス側面から「シェール革命」の実態を詳らかにし、第五章でその本質に迫ります。

確かにタイミング良く二〇〇七～〇八年の油価高騰の追い風が吹いたのも僥倖でした。実際、原油価格高騰にともない、米国内指標のヘンリー ハブガス価格も一四ドル／百万ＢＴＵまで高騰したため、今まで経済性がよく非在来型として見捨てられていたテキサスのバーネットシェールの開発に火が付きました。それまで長い間、現場テストを重ねてきた水平掘りとハイドロフラクチャリングの新技術の採用が功を奏し天然ガス生産量は先に示した図２－７のように指数関数的に急増しました。

図２－８は米国エネルギー省のエネルギー情報局ＥＩＡが二〇一三年二月に発表した米国の天然ガス生産量の二〇一一年までの実績推移と二〇四〇年までの将来予測です。在来型油・ガス田の天然ガス生産量は減少を続けていますが、明らかに二〇〇八年以降になりシェールガスやタイトサンドガスの増産が目覚しく、全米のガス生

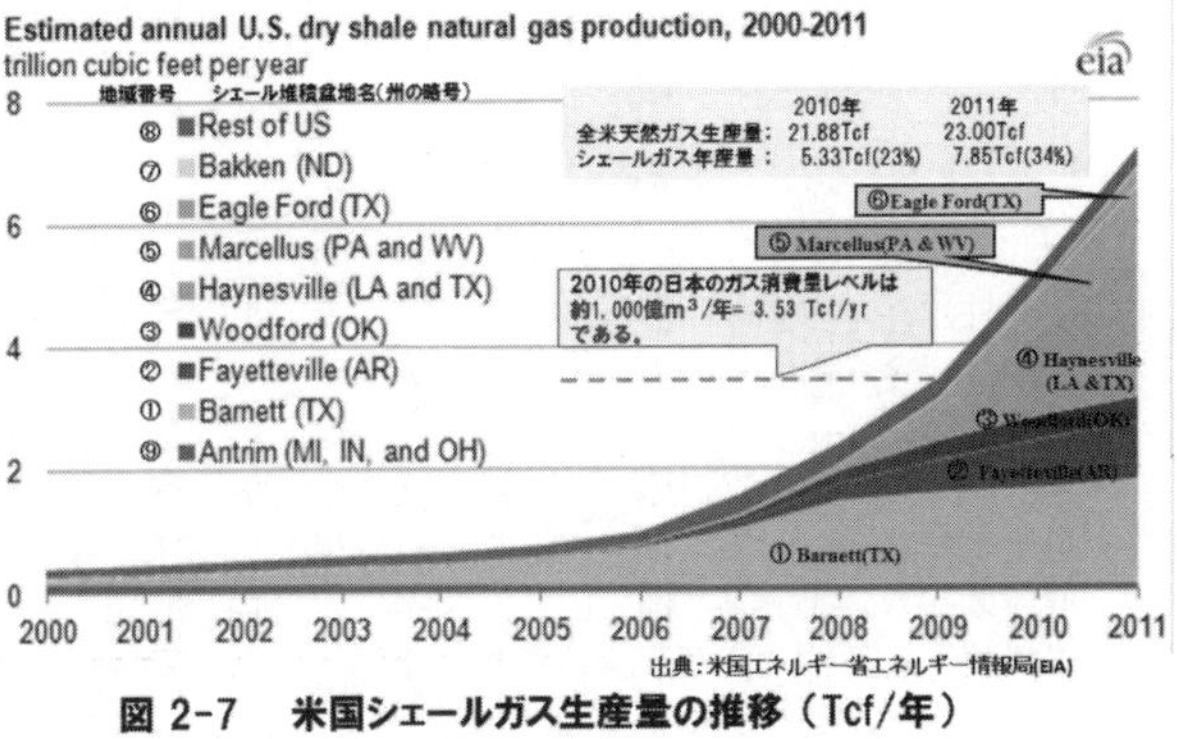

図 2-7　米国シェールガス生産量の推移（Tcf/年）

産量は現在の二三 Tcf／年の規模から二〇四〇年には三三 Tcf／年まで増加し、その約半量がシェールガスにより賄われると予測しています。一方、タイトサンドガスは七・三 Tcf でＣＢＭも二・一 Tcf と生産量はほぼ現状維持と見ています。このような強気なシェールガス生産見通しがＬＮＧ輸出構想を現実化した要因といえます。しかし過去五年余りの短いシェールガスの生産実績から今後三〇年にわたるばら色のシェールガスの増産見通しを立てて、それが果たして信頼できるのか疑わしいという見方もあるのです。

強気の生産見通しが、高い油価に連動したガスの高価格に支えられたものにも関わらず、そのガス価格そのものも、その後、下落しているのです。リーマンショックによる経済不況で二〇〇九年の原油価格とともに急落したガス価格は、二〇〇九年末には六ドルまで戻ったものの、その後は原油価格の戻りと大きく乖離し再び下落。天然ガスが供給過剰となりガス価格は二〇一一年末に三ドル／百万ＢＴＵ（英国熱量単位、British thermal unit）を割り込み、特に二〇一二年一月一三日には二・六七ドルまで下がり、三月初旬には瞬間的に二・二七ドルを記録。五月には三ドル近くに戻しますが、その後も依然三～四ドルレベルに低迷しました。これは明らかにシェールガスの増産が在庫過剰となったことに起因したのです。

一方、この頃日本が輸入するスポットLNG価格は震災前に一〇ドル／百万BTU前後、二〇一一年秋には一八ドル近くに急騰したものの、一二月に一六ドル台、一月には一五ドル前後と高値で推移しています。そのため、安い米国シェールガスをLNGに変換し、LNGタンカーでパナマ運河を通り、アジアの高価なLNG市場に輸出する構想がにわかに現実を帯びてきました。そこでエクソンモービル、ロイヤルダッチシェルやBPなどの石油メジャーまでがシェール開発に参入し、シェールガス生産量はさらに急増したわけです。次章に詳述しているように、隣国のカナダでは西部地区のシェールガス堆積盆でも、シェールガス開発が進み生産過剰は止まりません。シェール増産は、以下で述べる随伴オイルの収益に支えられているだけなのです。

儲かる随伴オイル、シェールガス増産が止まらない理由

シェールガスの開発生産コストは通常四〜六ドル／百万BTU程度であるとみられます。米国内のガス価格は二〇一一年末に三ドル／百万BTUを割り込み、その後も四ドル以下に低迷しては、メタンリッチのドライガス生産井は軒並みコスト割れで停止せざるを得ず、今後のシェールガス増産に懸念が囁かれ始めていました。

米国国内の天然ガス価格であるヘンリー・ハブ（HH＝Henry Hub）ガス価格とは、Sabine Pipe Line LLC（シェブロンの子会社）が所有するルイジアナ州にまたがる九本のパイプラインと四本の州内パイプラインが交差する天然ガス集積地で取引される価格で、ニューヨーク商品取引所（NYMEX）での天然ガス価格の指標になっています。取引価格は英国熱量単位百万BTU当たりのドルで表示されます。

近年はシェールガスの増産により米国のHHガス価格は百万BTU当たり三～四ドル程度と低めになっていますが、この安い値段を日本円に換算すると一ドル一〇〇円の為替で日本の都市ガスの標準的な熱量四五MJ／m³を前提とすると、約一二・八～一七・一円／m³に相当します。一方、わが国が輸入しているLNGのCIF価格はトン当たり約九万円と高値で、これは

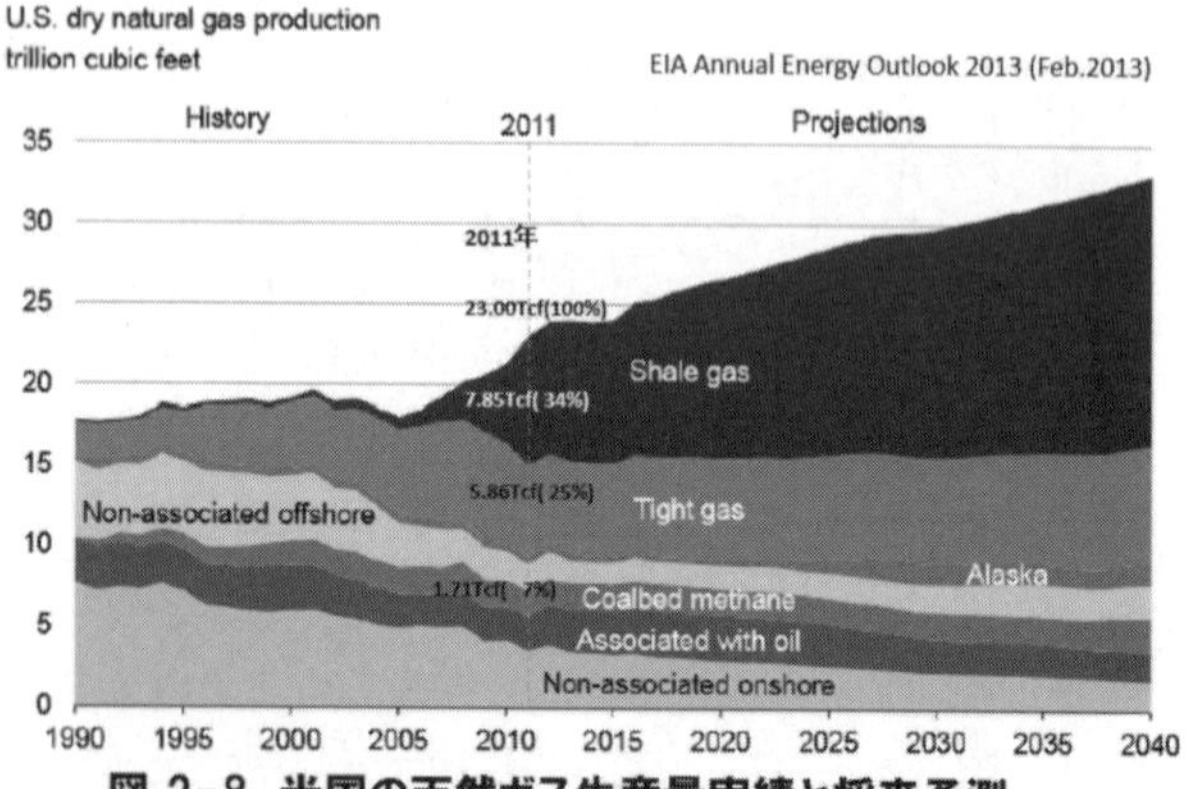

図 2-8 米国の天然ガス生産量実績と将来予測

約六五円／㎥に相当します。つまりわが国の輸入LNG価格は米国内でのガス価格の四～五倍と高価です。

私が訪問したRRC社が操業するマーセラスシェールガス南西鉱区では、図2-9に経済性の効果を説明したように、生産ガスはウエットガスと呼ばれ比較的多量の液体分NGL（Natural Gas Liquid）やコンデンセート分が分離回収でき、その収益で支えられていることが分かりました。例えば井戸元の生産ガス一mcf（ウエットガス一〇〇〇立方フィート）からNGLが八・五一リットル、またコンデンセートは一・九一リットル程プラントで分離回収できます。仮にHH価格が四ドル／百万BTU、WTI（West Texas Intermediate）原油価格が八五ドル／バレルであった場合、ガスに液体

図 2-9 Marcellus Shale Gas生産が儲かる訳

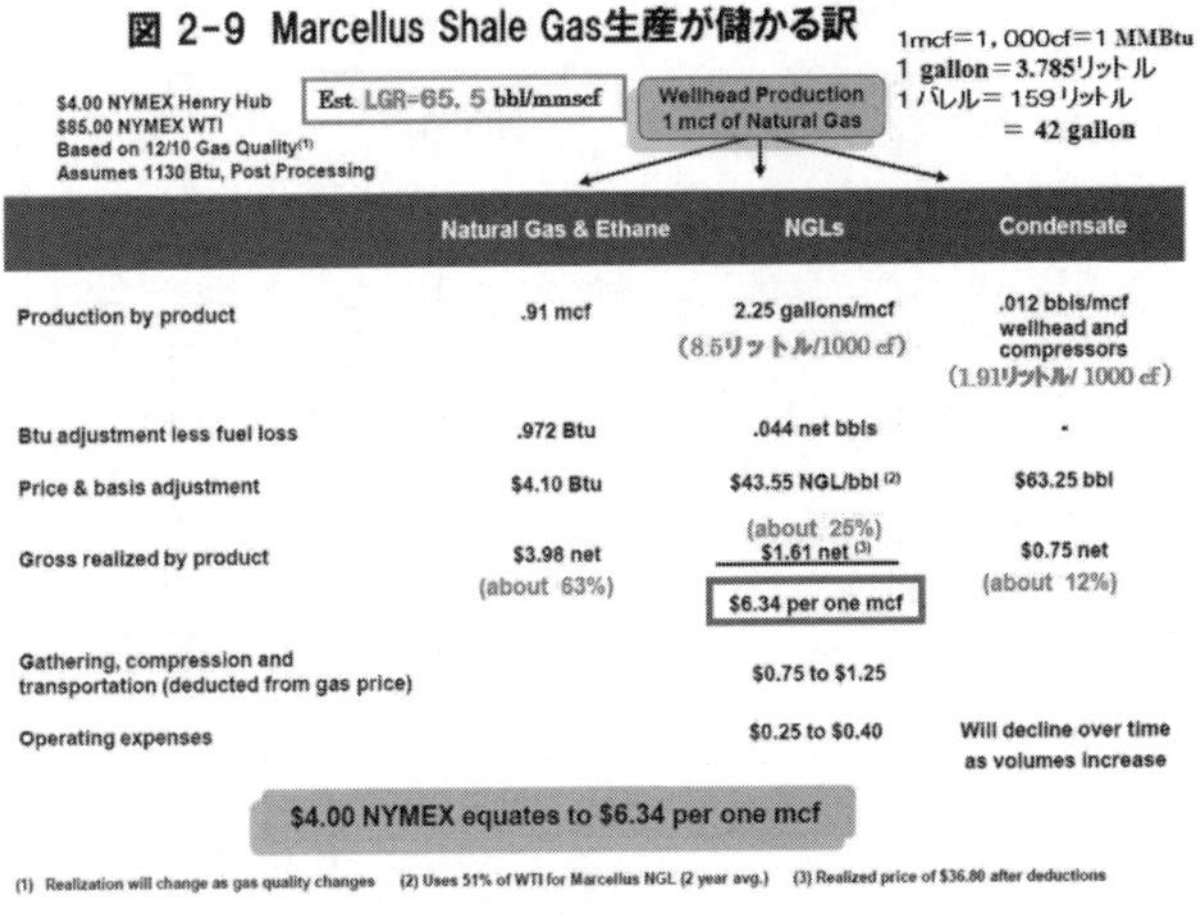

1mcf=1,000cf=1 MMBtu

　　　　 = 42 gallon

$4.00 NYMEX Henry Hub

$85.00 NYMEX WTI

Based on 12/10 Gas Quality(1)

Assumes 1130 Btu, Post Processing

Est. LGR=65,5 bbl/mmscf　　Wellhead Production 1 mcf of Natural Gas

	Natural Gas & Ethane	NGLs	Condensate
Production by product	.91 mcf	2.25 gallons/mcf (8.5リットル/1000 cf)	.012 bbls/mcf wellhead and compressors (1.91リットル/ 1000 cf)
Btu adjustment less fuel loss	.972 Btu	.044 net bbls	・
Price & basis adjustment	$4.10 Btu	$43.55 NGL/bbl (2)	$63.25 bbl
Gross realized by product	$3.98 net (about 63%)	(about 25%) $1.61 net (3) $6.34 per one mcf	$0.75 net (about 12%)
Gathering, compression and transportation (deducted from gas price)		$0.75 to $1.25	
Operating expenses		$0.25 to $0.40	Will decline over time as volumes increase

$4.00 NYMEX equates to $6.34 per one mcf

(1) Realization will change as gas quality changes　(2) Uses 51% of WTI for Marcellus NGL (2 year avg.)　(3) Realized price of $36.80 after deductions

分が含まれなければ、売り上げは四ドル／mcf に過ぎません。ところが液体分はＷＴＩ価格の約五一％で販売できるので売り上げは六・三四ドル／mcf に五八・五％も収益が上乗せできます。ＲＲＣ社は一二％の内部利益率を得るためにはＨＨガス価格は二ドル／百万ＢＴＵまで持ち応えられると胸を張っていました。しかし、他のドライシェールガス生産事業所は最低限でも三・三ドル／百万ＢＴＵのガス価格が損益限界に必要な break even であるとの見解でした。二〇一一年のようにガス価格の三ドル台が長く続けば、また、もし昨今の中東での騒乱に終始符が付き原油価格の急落が起れば、米国の「シェールガス革命」もナポレオンの一〇〇日天下の如くバブルの様に消え去る心配もあるのです。

シェールオイル・タイトオイル開発ブームに飛び火

二〇一一年央以降になるとドライシェールガス井は採算がとれず次々に閉鎖し、代わりにウエットシェールガスやタイトオイルを求め探掘地域がシフトしていきました。当然、高値止まりの油を求め多量のコンデンセートやＮＧＬを回収できる⑤ Marcellus shale 南西部や⑥ Eagle Ford shale のウエットガス開発にシフトして行きました。加えて、ノースダコタ州からモンタナ州、カナダにまでの広大な辺境の地に賦存する⑦ Bakken formation のタイトオイルを目がけた開発がにわかに活況を帯びたのです。ノースダコタ州の原油生産量の急増の推移は図2‐10に示されます。

辺境の地ノースダコタ州の Williston 堆積盆地に賦存するバッケン層では、二〇〇六年末には三四二八本の生産井から一日一一・五万バレル（一坑当たり日量三四バレル）と少なかった原油生産量が二〇一二年四月では六七三四本の生産井から約六〇・一万バレル（一坑当たり日量八九バレル）と約二・六倍に増産し、米国内の原油生産量急増の主因となりました。タイトオイル開発の大成功は大勢の石油採掘作業員の流入を呼び米国内の雇用創出や州の人口増加を起こしノースダコタ州の経済は

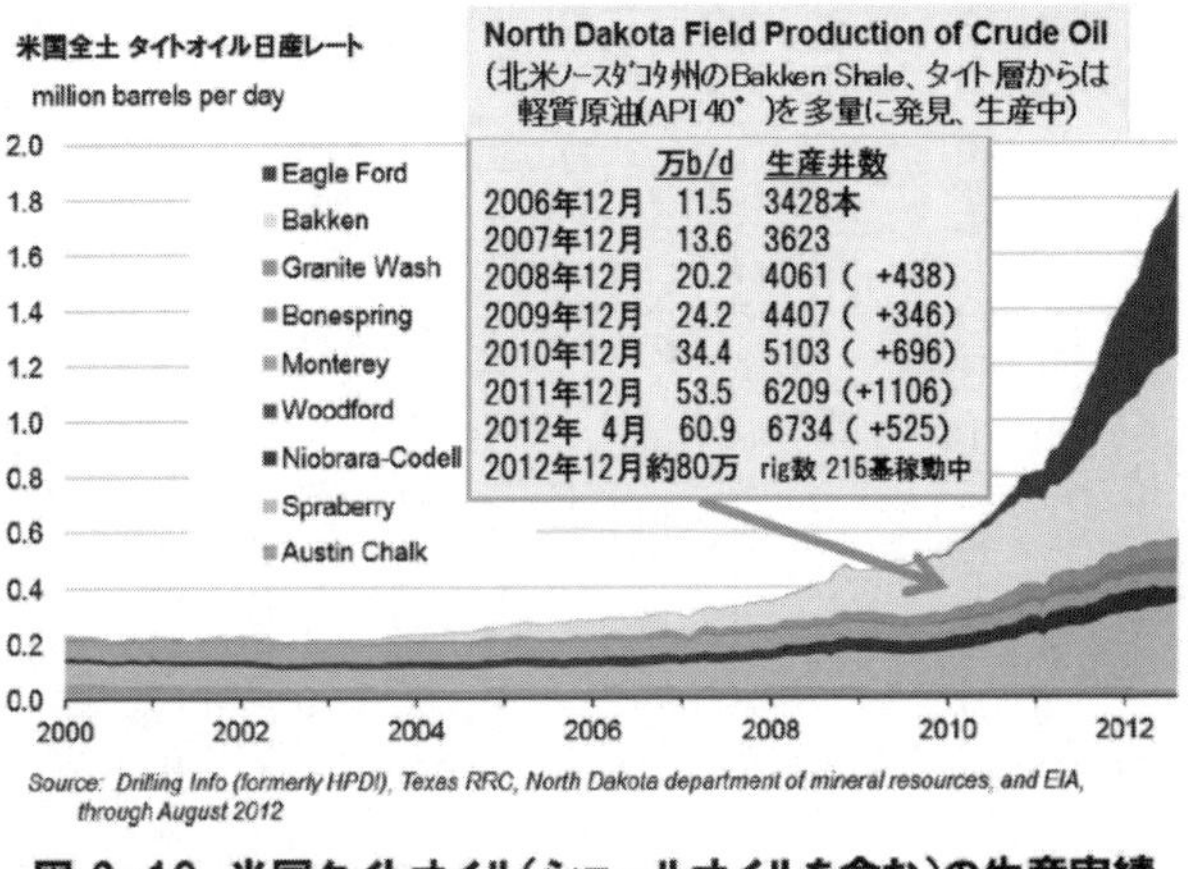

米国全土 タイトオイル日産レート
million barrels per day
North Dakota Field Production of Crude Oil
(北米ノースダコタ州のBakken Shale、タイト層からは
軽質原油(API 40°)を多量に発見、生産中)
万b/d 生産井数
2006年12月 11.5 3428本
2007年12月 13.6 3623
2008年12月 20.2 4061 (+438)
2009年12月 24.2 4407 (+346)
2010年12月 34.4 5103 (+696)
2011年12月 53.5 6209 (+1106)
2012年 4月 60.9 6734 (+525)
2012年12月約80万 rig数 215基稼動中
Eagle Ford
Bakken
Granite Wash
Bonespring
Monterey
Woodford
Niobrara-Codell
Spraberry
Austin Chalk
2.0
1.8
1.6
1.4
1.2
1.0
0.8
0.6
0.4
0.2
0.0
2000
2002
2004
2006
2008
2010
2012
Source: Drilling Info (formerly HPDI), Texas RRC, North Dakota department of mineral resources, and EIA, through August 2012

図 2-10 米国タイトオイル（シェールオイルを含む）の生産実績

活況を呈しています。当局の予測では、油井の数が今後二〇年でさらに二万本増える見込みと言われています。

さらに最近ではコロラド州とワイオミング州にまたがり、ネブラスカ州やカンザス州の一部にまで及ぶ巨大な天然ガスや石油を含む軟頁岩「ナイオブララ(Niobrara)シェール層」や、天然ガス産出地帯のメッカであったテキサス州西部からニューメキシコ州に広がるパーミアン(Permian Basin)のシェール層などもタイトオイル探掘で活況を見せ、さながらオイルラッシュ時代の再来の様相で二〇一四年はブームを迎えています。

図2‐11は米国エネルギー省のエネルギー情報局EIAが二〇一三年二月に発表した米国の原油生産量の二〇一一年までの実績推移と二〇四〇年までの長期将来見通しです。明らかに在来型油ガス田からの原油生産量はピークに達し減少を続けていますが、タイトオイルの増産が目覚しく二〇一九年には原油総生産量はピークを迎えその後は減退すると予測しています。

次に、図2‐12に一九三〇年以来の米国の石油需給の履歴（OGJ誌発表）と近年の国産原油の急増の推移をプロットしました。国産石油生産は国産原油と天然ガスから分離されるNGLを加えたものです。二〇〇八年を底としてV字曲線を描き国産原油が急増している姿が覗えます。これは確かにシェール革命のインパクトと言えるでしょう。確かに米国エネルギー省のＥＩＡ統計データを引用すると、二〇一一年の全米の石油消費量の日量一八八四万バレルに対し米国産原油は七八四万バレルと自給率は四一・六％に増えています。その内訳は在来型原油が日量四四四万バレルで、天然ガスに随伴するＮＧＬが日量二一八万バレルそしてシェールオイルを含むタイトオイルの生産量は日量一二二万バレルのようです。ＥＩＡの見通しでは、このタイトオイルは二〇二〇年に二八一万バレルをピークに減少、二〇四〇年には二〇〇万バレル程度となる予測していま す。

オイル＆ガスジャーナル誌（二〇一四年三月二八日号）の記事によると、二〇一四年二月の全米のタイトオイル総生産量は、日量三四一万バレルに急増し、その内訳はイーグルフォードから一二一万バレル、バッケンシェールから九四万バレルに達しているとのことです。これらの数値は先のＥＩＡの見通しを既に超えており、この様にタイトオイルの増産による米国の原油生産量の急増が続けば二〇一七年ごろにはサウジアラビアやロシアに並ぶ大産油国に返り咲くという楽観論も聞かれます。

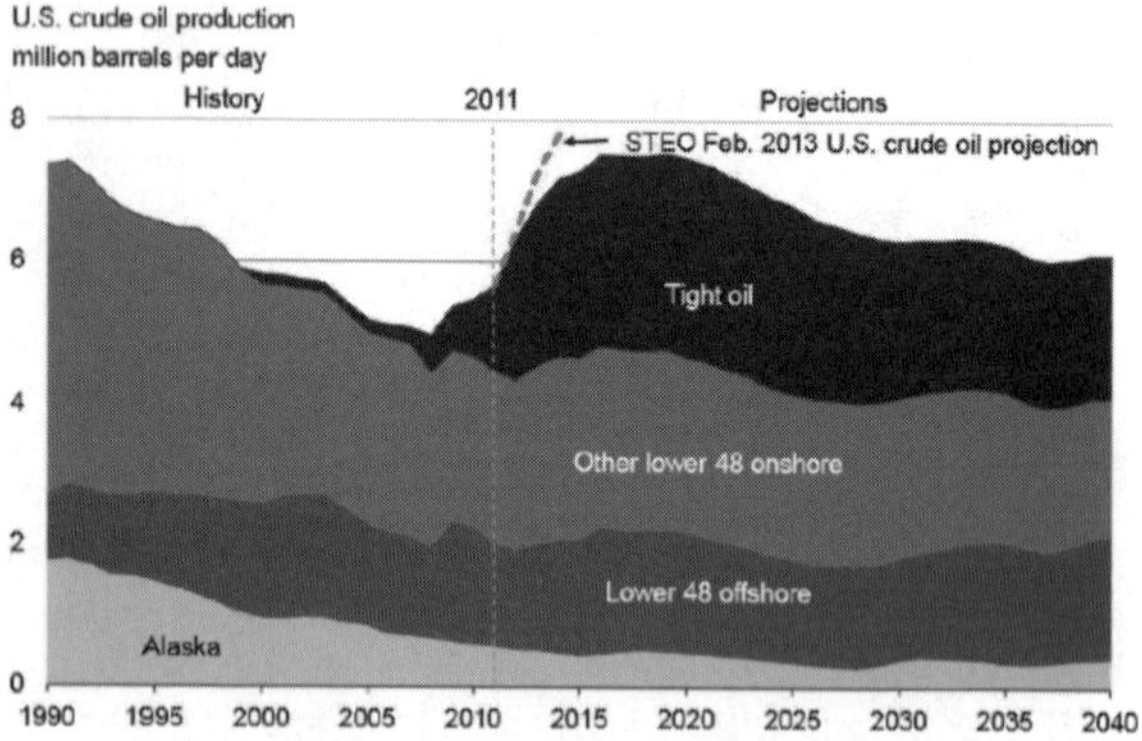

Source: EIA, Annual Energy Outlook 2013 Early Release and Short-Term Energy Outlook, February 2013

図 2-11 米国の原油生産量実績と将来予測
EIA Annual Energy Outlook 2013 (Feb.2013)

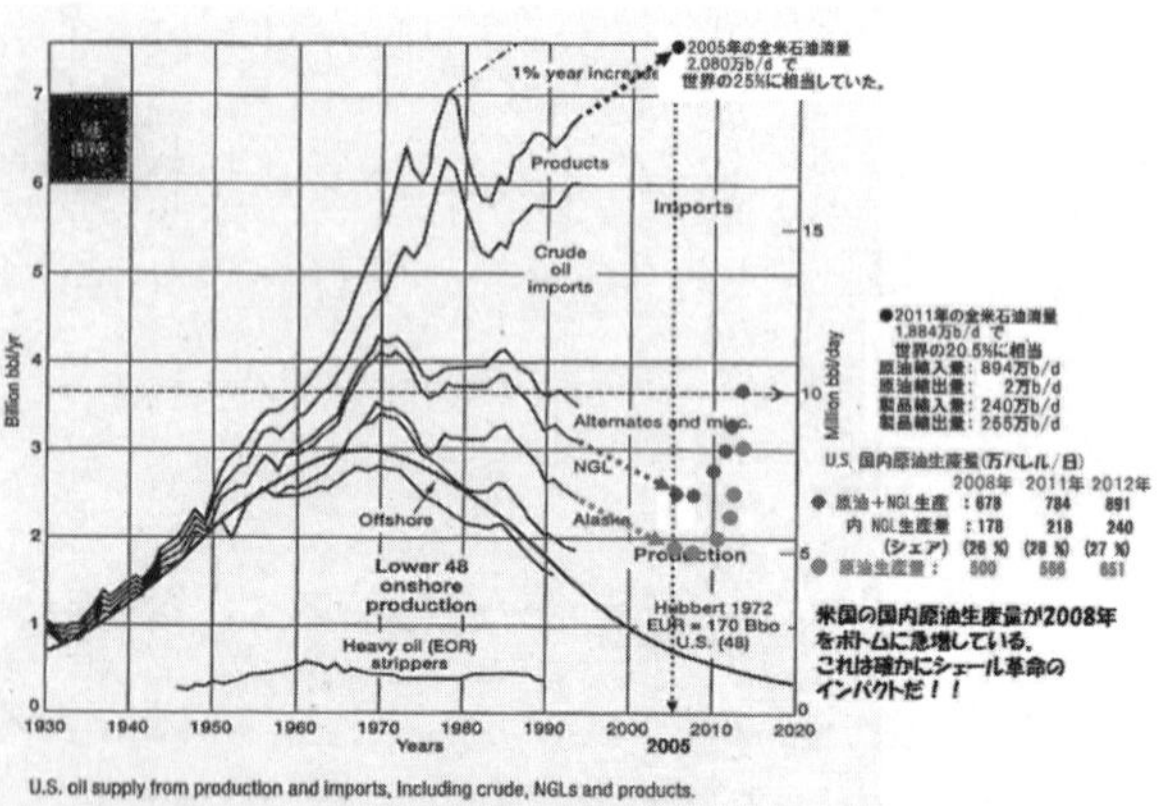

出典： オイルアンドガスジャーナル誌および EIA統計をもとに藤田作成(2013.4.9)

図 2-12 米国の石油需給の履歴と近年の国産原油の急増

第四節　世界と米国内の最新のシェールガス資源量評価

米国内シェールガス堆積盆地資源量評価

油価が三〇ドル以下で推移した二〇〇〇年までは、シェールガスは回収技術が未熟で、経済性は困難と見做されていました。当時は採掘コストが高く、地球環境負荷が重い劣悪な非在来型資源として無視されていたのです。しかし最新のBP統計を見ると、今から一〇年前の二〇〇二年末の米国の天然ガス確認埋蔵量は一八七・一兆立方フィート(Tcf)、年間生産量は一八・九 Tcf でR／P可採年は九・九年でしたが、二〇一二年末の評価では確認埋蔵量が三〇〇 Tcf と六〇%も増加しています。そのため米国のR／P可採年数も一二・五年に延長しました。つまり確認埋蔵量の急増のほとんどがシェールガスの新規埋蔵量増に起因しているとみられているのです。

一方、米国エネルギー省のエネルギー情報局(ＥＩＡ)のEIA Annual Report 2011から引用した表２‐１を見ると、米国内のシェールガス堆積盆地すべての二〇一〇年末の技術的回収可能資源量の合計は約七五〇 Tcf と評価されていますが、確認埋蔵量は九七 Tcf と少ないので現在の開発確認率は一三％程度とシェールガス開発は未熟な段階と言えます。しかし、この中でパイオニア格のバーネットシェールを見ると、開発確認率は七二％と成熟しています。仮に、将来すべてのシェール堆積盆がバーネットのレベルまで開発が成熟する段階にいたれば、確認埋蔵量は五〇〇 Tcf ほどの膨大な量が期待されるわけで天然ガスの黄金時代の期待もありうるでしょうが、果たして数知れない生産井の掘削による環境破壊がシェールフラッキング開発をどこまで許すのでしょうか？気になるところです。

世界のシェールガス／オイルの技術的回収可能量の分布

米国エネルギー省のエネルギー情報局（ＥＩＡ）は二〇

表 2-1　米国内シェールガス堆積盆地別の2010年末技術的回収可能資源量、可採埋蔵量及び可採年数

	A	R	R/A	P	R/P
シェール堆積盆地	Technically Recoverable Resources	2010 年末 Reserves	確認率	2010 年生産量 Production	可採年数
	(Tcf)	(Tcf)	(%)	(Tcf)	年
Barnett	43.38	31.04	71.5	1.918	16.2
Haynesville/Bossier	74.71	24.45	32.7	1.415	17.3
Fayettville	31.96	12.53	39.2	0.794	15.8
Woodford	22.21	9.67	43.5	0.403	24.0
Marcellus	410.34	13.2	3.2	0.476	27.7
Antrim	19.93	2.13	10.7	0.120	17.8
Subtotal	602.53	93.19	15.5	5.126	18.2
Oter Shale Players	147.85	4.26	2.9	0.174	24.5
米国全土の合計	750.38	97.45	13.0	5.336	18.3

出典：米国エネルギー省 EIA Annual Report 2011

2010年の日本のガス消費量レベルは約1,000億m³/年= 3.53 Tcf/yr である。

一三年六月、非在来型資源の評価コンサルタントとして世界的権威を持つＡＲＩ社に委託し「技術的に回収可能なシェールオイル及びシェールガス資源：米国を除く四一ヵ国、一三七シェール層に係る評価報告書」を発表しました。このレポートは、昨今、開発が活発化しているシェールオイル（タイトオイルおよびウエットガス生産に伴う液体分を含む）に係る初の資源量評価です。シェールガスに関しては、二〇一一年四月に発表した報告書にロシア地域を新たに評価対象に加えたうえ、最新情報に基づき再評価したものです。しかし興味を誘う中東地域は前回同様に今回も評価対象から外されています。その結果、世界全体のシェールガスの技術的回収可能資源量は前回の六六二二Tcfから七二九九Tcfに更新されました。

二〇一三年六月に発表された最新の世界のシェールガス堆積盆地を対象とした技術的回収可能量（七二九九Tcf）の分布は図2‐13に示されています。その規模は、二〇一〇年末における世界の在来型天然ガスの確認可採埋蔵量約六六〇〇Tcfや究極可採資源量一六一七五Tcfと比べてもその膨大さが覗えます。

図2‐13に示したシェールガスの技術的回収可能資源量のランキング上位一〇カ国を並べると、（一）中国（一一一五Tcf）、（二）アルゼンチン（八〇二Tcf）、（三）アルジ

エリア（七〇七 Tcf）、（四）米国（六六五 Tcf）、（五）カナダ（五七三 Tcf）、（六）メキシコ（五四五 Tcf）、（七）豪州（四三七 Tcf）、（八）南アフリカ（三九〇 Tcf）、（九）ロシア（二八五 Tcf）、（一〇）ブラジル（二四五 Tcf）の順になります。これら一〇カ国の合計四七六四 Tcf は全体の六五％を占めます。

一方、タイトオイル・シェールオイルの技術的回収可能資源量に関しては、同じ報告書にある世界の資源量分布を図2‐14に示しました。これも最新の資源量評価です。よく見ると中東諸国の調査は未達のようですが、世界に広く分布している様子が覗えます。タイトオイル・シェールオイルの技術的回収可能量は世界全体で約三四五〇億バレルと評価されました。これらの中で技術的回収可能量が丸印で囲んだ一〇〇億バレル以上の国は八ヵ国あり、そのランキングは（一）ロシア（七五〇億バレル）、（二）米国（五八一億バレル）、（三）中国（三二二億バレル）、（四）アルゼンチン（二六五億バレル）、（五）リビア（二六一億バレル）、（六）豪州（一七五億バレル）、（七）メキシコ（一三一億バレル）、（八）ベネズエラ（一三〇億バレル）です。八カ国の合計二六一五億バレルは全体の七六％を占めます。

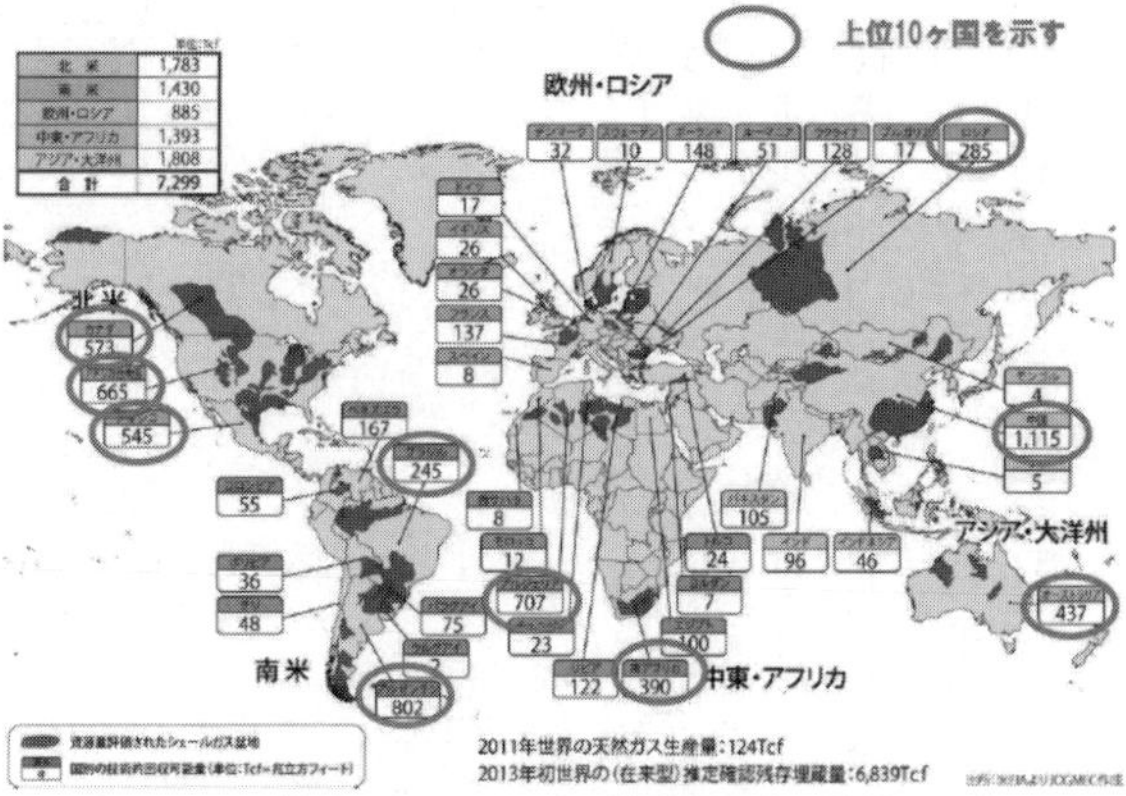

図 2-13　世界のシェールガスの技術的回収可能量の分布
（2013年6月のEIA報告）

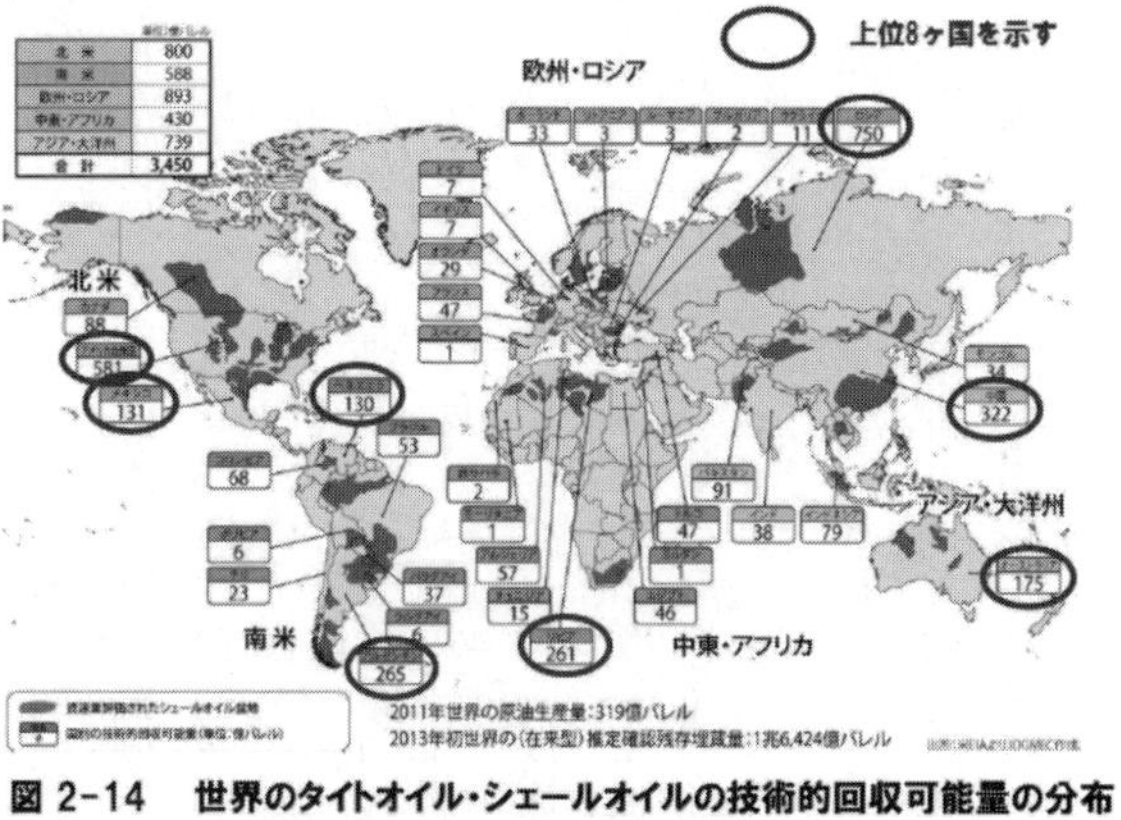

図 2-14　世界のタイトオイル・シェールオイルの技術的回収可能量の分布
（2013年6月のEIA報告）

期待されるオイルサンドやオリノコタール

シェール以外の非在来型や在来型資源にも目を向けてみましょう。第一章の第一節で取り上げた石鉱連の評価スタディにおいて報告された世界の在来型原油（在来型天然ガスから分離回収するNGLを含む）と非在来型原油の資源量を図2-15に比較対照します。二〇一〇年末の世界全体の在来型原油資源の究極可採資源量は約三・三兆バレルの規模です。このうち三五％に当たる一・一七兆バレルは既に生産済みで残る確認可採埋蔵量は約一・二兆バレルです。EOR／IORなどによる埋蔵量成長分は約四一〇〇億バレル、そして未発見資源量が五二〇〇億バレルあると評価されています。これらに比較し、世界に期待されるタイトオイルやシェールオイルの技術的回収可能量（究極可採資源量に相当するレベルのもの）は約三四五〇億バレルもあるのです。しかもタイトオイルやシェールオイルはいずれも硫黄分を含まない上質な軽質原油なのです。

在来型油田でAPI三〇度以下の油を中重質原油と呼びますが、API二二・三度より重くて粘性が一〇〇 cp 以上の重質原油は現在の確認埋蔵量以外に採り残しが多く、今後の重質原油用のEOR技術と重質油対応の高度精製技術（upgrading）のオプション（炭素除去、水素添加、ガスなど）により新たなスキームの事業化が期待されます。埋蔵量成長分を確認埋蔵量に評価替えできる余地がかなりあると、非在来型資源調査で名高い米国のAdvanced Resources International社が指摘しています。図2-15に示す重質油の潜在的資源量、すなわち技術的回収可能量が七一七四億バレルということは在来型石油の残存確認埋蔵量一・二〇兆バレルの約六〇％に匹敵するほどの莫大な量となります。確認埋蔵量の回収率は現状不明です。

こうした在来型油・ガス田地帯で取り残した重質原油のほかに、石油危機以来、商業生産され始めたベネズエラのオリノコタ

図2-15　世界の在来型原油（NGLを含む）と非在来型原油資源量の比較

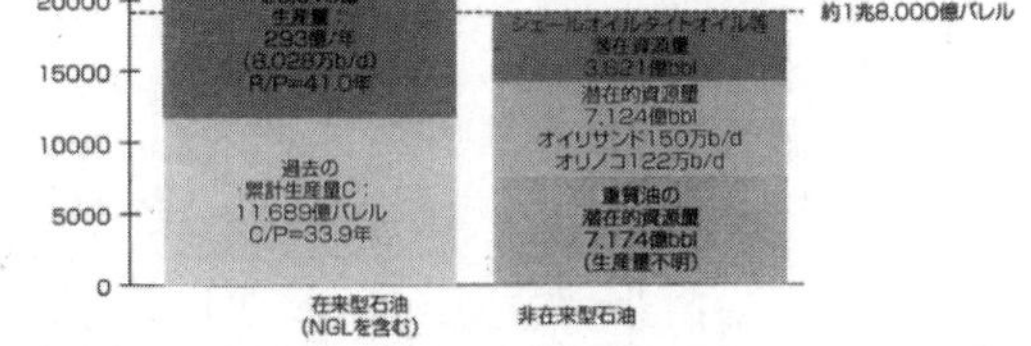

貯留層温度における粘度	比重（°API）	名称	油田例
10,000 cp超	10°API未満	天然ビチューメン（natural bitumen）	オイルサンド
10,000 cp以下		超重質油（extra-heavy oil）	オリノコタール
10,000~300/100 cp	10~20/22.3°API	既生産油田地帯の重質油（heavy oil）	クウェートの重質油田ほか

用語解説

カナダのオイルサンド：天然ビチューメン—API比重10度以下、粘性8万~200万cpと油層内で半固体状
ベネズエラのオリノコタール：超重質油／重質原油—API比重5~20度、粘性500~5000cp

出典：石油鉱業連盟　世界の石油・天然ガス等の資源に関するスタディ報告書 2012

ール（超重質油／重質原油：ＡＰＩ比重五〜二〇度、粘性五〇〇〜五〇〇〇 cp）やカナダのオイルサンド（ビチューメン：ＡＰＩ比重一〇度以下、粘性八万〜二〇〇万 cp）など油層内で半固体状になっている非在来型原油があります。このほかに米国、豪州やリトアニアなどでは地表近くに存在し熱分解を受けていないケロジェンを多量に含む油母頁岩（高品位のオイルシェール岩）を採掘し、地表の乾留プラントで処理して岩石一トン当たり一〇ガロン（三七・八リットル）の高品位の合成原油（synthetic crude oil）が回収できるオイルシェールも非在来型原油（unconventional oil）資源として見直す必要がありましょう。

過去の調査ではこれら非在来型原油の可採埋蔵量は不明ですが、学会の報告では地質学者が作る地質モデルによる原始資源量の推測があり、それによると、米国、ロシア、カナダ、ベネズエラ、豪州、中国、インドなどに広く分布しています。これらの資源は、一九八六年以降の油価低迷時代、非在来型石油系資源に対する採掘技術が汎用されておらず、極めて高い採掘コストや石油製品抽出後の残渣処理が地球環境負荷コストを要するため商業化が困難となり、非在来型原油（Unconventional Oil）と言うレッテルで区別されてきました。

石鉱連二〇一二年報告の数値は一連のＵＳＧＳ（二〇〇〇）スタディを引用しています。ここでは地質区（Geologic Province）ごとに原始埋蔵量（原始資源量とも呼ばれる）を算定評価しており、地球上の原始埋蔵量の総計は重質油が約三・四兆バレル、及び超重質油・ビチューメンが約五・〇兆バレルとされています。これらと比較して在来型石油の原始埋蔵量は約八・六二兆バレル、在来型天然ガスの原始埋蔵量は二万七〇〇〇Tcf（原油換算約四・九四兆バレル）と報告されています。

一方、最も未知なる世界のオイルシェール（シェールオイルではありません）の原始資源量は約四・七九兆バレルと二〇一〇年開催のWorld Energy Councilで発表されました。これは、二〇〇八年末時点における地域ごとのオイルシェール原始資源量の集計値で、この七七％は米国が占めると推定されています。実はオイルシェール開発の歴史は古く、最も古いものは一〇〇年以上に遡ります。現在オイルシェールは、ブラジル、中国、エストニアを中心に、ドイツ、イスラエル、ロシアでも工業的に利用されていて、中でもエストニアでは自国の生産エネルギー内訳に占めるオイルシェールの割合が大きく異色です。また、油価の上昇に伴い、米国では二〇〇三年に乾留オイルシェールの開発プログラムが再開されましたがその後活発ではありません。

非在来型原油の期待される潜在的可採量または技術的回収可能資源量に関してはUSGS（二〇〇〇）スタディには報告されていません。データは古いのですが一九九八年時点の世界の地域ごとの重質油と超重質油・ビチューメンの期待される潜在的可採量を報告した国連の機関UNDPレポートを引用すると、重質油、ビチューメンはそれぞれ七一二四億バレルと七一二四億バレル、合計一兆四三〇〇億バレル（二二五〇億トン）が究極的に回収可能と見積もられています。オイルシェールの技術的回収可能量に関しては、地上における乾留と言う複雑なプロセスにより油の可採量が評価されており、世界における現場の事例が余りなく世界の技術的回収可能量の統計は見当りません。

第二章　参考文献

①米国エネルギー省(DOE/EIA) Annual Energy Outlook 2013 (Early Release : February 2013 and Final Release: April 2013)

②米国石油省・エネルギー情報局(EIA)：Technically Recoverable Shell Oil and Gas Resources: An Assessment of 137 Shale Formations in 41 Countries outside the United States,„ (June 2013)

第三章　世界の産業構造を塗り替えるシェールガス革命

第一節　世界各国のシェール資源開発動向

シェール資源が豊富な世界九カ国の開発状況

本項では米国を除く世界上位九カ国のシェールガスの開発状況について記述することにします。米国エネルギー省の報告書（二〇一三年版）では、世界のシェールガス・オイルの分布図について、二〇一一年の前回の報告書には記載されていなかったロシアが新たに記載されています。しかし、中東地域は前回と同様、依然として白紙のままです。表3．1．1は世界上位一〇カ国のシェールガス・オイルの技術的回収可能資源量についてまとめた表です。各国の動向は次のとおりです。

(一) 中国

中国には、七つの有望な堆積盆があり、豊富なシェールガスとシェールオイルの賦存が見込まれています。即ち、四川堆積盆、タリム堆積盆、ジュンガル堆積盆、松遼堆積盆、揚子江プラットフォーム、江漢堆積盆、蘇北堆積盆です。

米国エネルギー省エネルギー情報局（ＥＩＡ）レポートによれば、中国のシェールガスの合計は、原始資源量が四七四六 Tcf（一三四・四兆㎥）で、技術的に回収可能な資源量は、一一一五 Tcf（三一・六兆㎥）と推定しており、中国の天然ガス消費量の約二二〇年分に相当すると見込まれています。内訳は、最大の堆積盆地である四川堆積盆が六二六 Tcf（一七・七兆㎥）、タリム堆積盆が二一六 Tcf（六・一兆㎥）、ジュンガル堆積盆が三六 Tcf（一・〇兆㎥）、松遼堆積盆が一六 Tcf（〇・五兆㎥）、その他の規模が小さく構造が複雑な揚子江プラットフォーム、江漢堆積盆、蘇北堆積盆の合計が二二二 Tcf（六・三兆㎥）となっています。

（二）アルゼンチン

アルゼンチンは、世界でトップクラスのシェールガス

表3.1.1　技術的に回収可能なシェールオイル・シェールガスの確認埋蔵量と未確認埋蔵量

		原油（億バレル）	湿性ガス（兆cf）
世界全体	米国	2,230	2,431
	米国以外	31,340	20,451
	合計	33,570	22,882
世界全体	シェールタイトオイル及びシェールガスの確認埋蔵量	不可	98
	シェールタイトオイル及びシェールガスの未確認埋蔵量	3,450	7,201
	その他確認埋蔵量	16,420	6,741
	その他未確認埋蔵量	13,700	8,842
	合計	33,570	22,882

（出典：米国エネルギー省エネルギー情報局）

・オイルが賦存している可能性があり、北米以外では恐らく最も開発が有望視されている国です。パラナ、ネウケン、サン・ホルヘ、アウストラル・マガリャネス（Austral-Magallanes）の四つの堆積盆がありますが、その中心となるのは、ネウケン堆積盆です。

ＥＩＡレポートによれば、アルゼンチン全体のシェールガス原始資源量の合計はネウケン堆積盆の二一八四 Tcf（六一・九兆㎥）を含めて三二四四 Tcf（九一・九兆㎥）で、技術的に回収可能な資源量は同堆積盆の五九三 Tcf(一六・八兆㎥)を含めて八〇二 Tcf（二二・七兆㎥）と推定されており、この量は同国の天然ガス生産量の約六〇〇年分に相当すると推定されています。

（三）アルジェリア

ＥＩＡ推計によれば、アルジェリアのシェールガス資源量は、米国を凌ぎ、世界第三位という豊富な資源量が賦存していると見込まれています。アルジェリアは、七つの主要なシェールガス・オイル堆積盆があります。同国の東部に位置するガダメス（Berkine）堆積盆と Illizi 堆積盆、中央部の Timimoun、Ahnet、Mouydir 各堆積盆、そして南西部のReggane 堆積盆とTindouf 堆積盆です。これら七つの堆積盆に賦存するシェールガス資源の合計は、原始資源量が三四一九Tcf（九六・九兆㎥）で、技術的に回収可能な資源量が七〇七Tcf（二〇・〇兆㎥）と見込まれています。

（四）カナダ

カナダには層が厚く有機物の豊富な、大規模な炭化水素資源の堆積盆がいくつも存在します。表3・1・2はカナダのシェールガス、オイル資源量を示した表であり、図3・1・1は、同国西部の主要なシェールガス・オイルの堆積盆を示した地図です。

表3.1.2　カナダのシェールガス・オイル資源量

州名	堆積盆（シェール層）	原始資源量		技術的回収可能資源量	
		石油・コンデンセート（百万バレル）	天然ガス（兆cf）	石油・コンデンセート（百万バレル）	天然ガス（兆cf）
ブリティッシュ・コロンビア州/ノースウエスト準州	ホーンリバー（Muskwa・Otter Park）	－	375.7	－	93.9
	ホーンリバー（Evie・Klua）	－	154.2	－	38.5
	コルトバ（Muskwa・Otter Park）	－	81.0	－	20.3
	リアード（Lower Besa River）	－	526.3	－	157.9
	ディープ（Doig Phosphate）	－	100.7	－	25.2
	小計	－	1,237.9	－	335.8
アルバータ州	小計	139,500	987.1	7240	200.5
サシュカチュワン州/マニトバ州	ウィリストン	22,500	16.0	1,600	2.2
ケベック州	App. Fold Belt	－	155.3	－	31.1
ノバスコシア州	ウィンザー	－	17.0	－	3.4
合計		162,000	2,413.3	8,840	573.0

（出典：米国エネルギー省DOE,EIA Annual Energy Outlook 2013）

ＥＩＡレポートが見積もった、同国に賦存するシェールガスの原始資源量は二四一三Tcf（六八・四兆m^3）と見積もり、この量はカナダの天然ガス生産量の約四四〇年分に相当します。また、技術的に回収可能なシェールガス資源量は五七三Tcf（一六・二兆m^3）と見積もり、この量はカナダの天然ガス

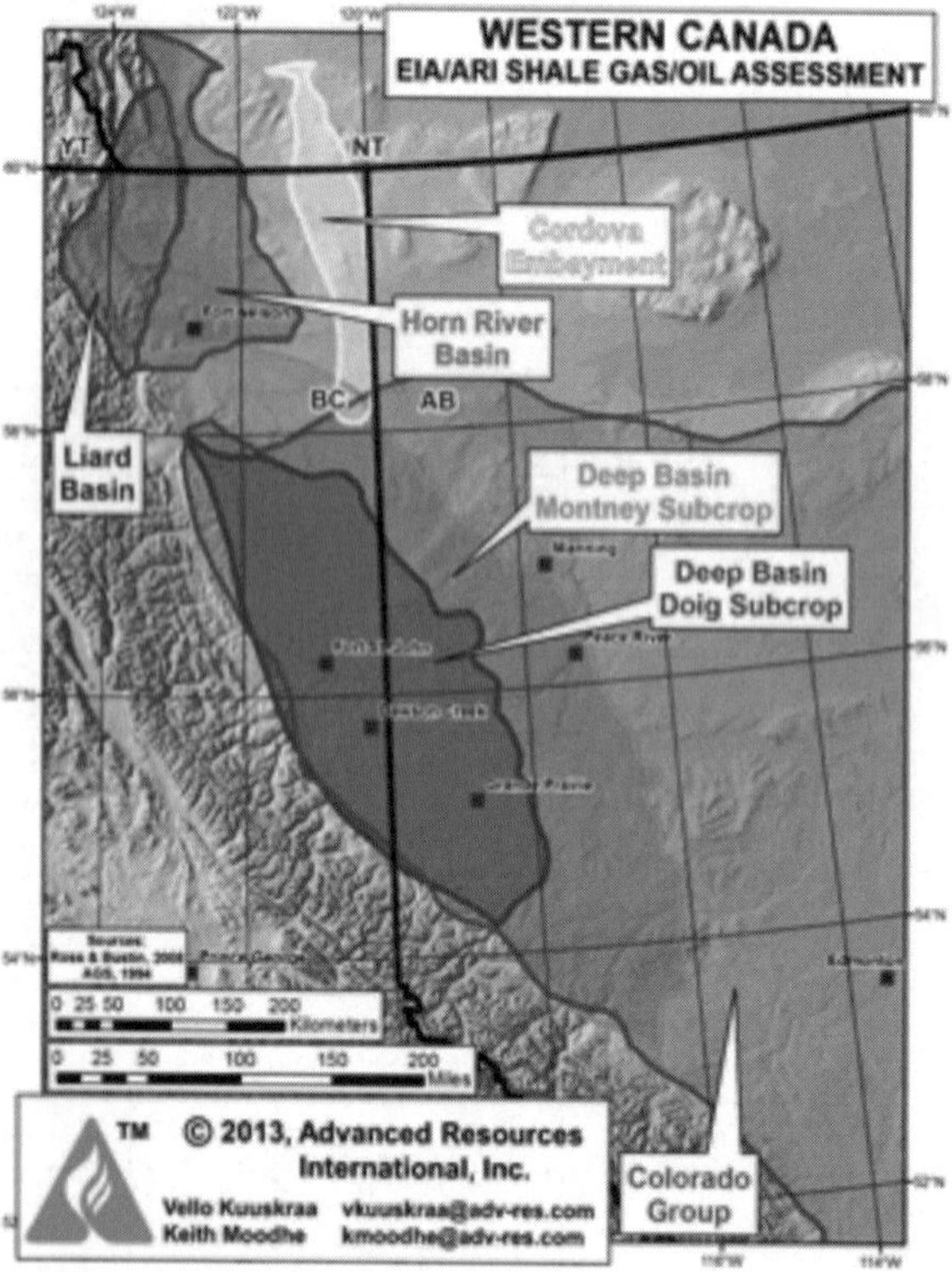

（図 3.1.1　カナダ西部のシェール・オイルの分布図）

生産量の約一〇〇年分に相当します。

(五) メキシコ

メキシコの二〇一二年の天然ガス生産量は五八五億㎥(LNG換算約四四〇〇万トン)で、消費量は八三七億㎥(同約六三〇〇万トン)でした。メキシコは米国と一〇ヵ所のポイントでパイプラインが繋がっており、二〇一二年には一七六億㎥(同約一三二〇万トン)の天然ガスを米国から輸入しました。同国の主要石油生産地域であるメキシコ湾堆積盆の二〇一〇年の天然ガス確認埋蔵量は〇・四兆㎥でした。

EIAレポートによると、メキシコは世界第六位のシェールガス資源保有国となっています。それにも関わらず、同国は国内の天然ガス供給不足を、LNG輸入や、米国からのパイプラインによる天然ガス輸入によって賄うことにしています。

(六) 豪州

豪州は地質学的・産業的に米国やカナダと似通っており、CBMやシェールガス、タイトガスといった非在来型ガスの埋蔵量のポテンシャルの高い国です。豪州は両国に次いでシェールガス・オイルの商業生産を行う可能性を有しています。メジャーは、国内の小規模な独立系企業とJVを組み、探鉱開発に参入を始めています。しかし豪州では、シェールガス・オイルの賦存する堆積盆が遠隔地にあることから、シェール資源開発にはインフラ整備に時間が掛かる可能性が高いといえます。

EIAレポートでは、豪州でシェールガス・オイルの潜在性があり、十分な地質学的データを備えた、六つの主要な堆積盆を調査対象としています。これらの堆積盆を合計した、シェールガスの原始資源量は二〇四六 Tcf（五八・〇兆㎥）、技術的に回収可能な資源量は四三七 Tcf（一二・四兆㎥）と見積もられます。これら賦存地域は、西豪州北部に広がる Canning Basin、中央部に位置する Cooper Basin、西豪州南西部の Perth Basin や東部の Geogina Basin、Maryborough Basin などが有望視されています。

（七）南アフリカ

南アフリカには、一つだけですが Karoo 堆積盆という大規模な堆積盆地があります。その面積は、二三万六四〇〇平方マイル（約六一万㎢）に及び、国土の約三分の二を占めます。特に、Karoo 堆積盆の南部ではシェールガスの賦存が見込まれます。南アフリカのシェールガスの原始資源量は一五五九 Tcf（四四・二兆㎥）、技術的に回収可能な資源量は三九〇 Tcf（一一・〇兆㎥）です。

（八）ロシア

ＥＩＡレポートによれば、入手可能なデータなどの制約で、西シベリア堆積盆の Bazhenov シェールのみを評価対象としています。同シェール層の原始資源量は一九二〇 Tcf（五四・四兆㎥）、技術的に回収可能な資源量は二八五 Tcf（八・一兆㎥）と見積もっています。また、シェールオイルの技術的回収可能資源量も示されており、ロシアは七五〇億バレルで世界一の資源量となっています。

Bazhenov シェール開発は、現在までのところ、ロシアの国営石油会社ロスネフトがエクソンモービルと提携し、地質学的調査を完了後、二〇一三年に掘削を開始すると発表しています。また、同じくロシア企業のガスプロムの石油部門ガスプロムネフチとロイヤル・ダッチ・シェルは合弁会社を通じ、二〇一四年初頭に同シェール層で掘削を開始するとしています。

ロシアには Bazhenov シェール以外に Timann Pechora、Volga-Urals、East Siberia などに

シェールガスが賦存するとされていますが、評価するうえで充分なデータが無いことを理由に、ＥＩＡレポートには資源量が発表されていません。

（九）ブラジル

ブラジルには複数の堆積盆が存在しますが、主要なものはブラジル南部のパラナ堆積盆、北部のソリモエス盆とアマゾナス堆積盆の三つです。既に、在来型の油ガス資源の生産もかなり行われていますが、地質学的なデータからシェール資源の賦存も有望視されています。この三つの堆積盆の合計は、原始資源量が一二七九 Tcf（三六・二兆m^3）で、技術的に回収可能な資源量が二四五 Tcf（六・九兆m^3）と推定されます。ブラジルでは、シェール資源に焦点を当てた探鉱のためのリース権付与や掘削はまだ行われていません。

パックス・アメリカーナは再来するか？

パックス・アメリカーナとは一言で言えば、「米国の圧倒的な軍事力、経済力、政治力によって世界平和が保たれている状態」を指します。一九九〇年当初には冷戦が終結し、さらにソ連崩壊によって米国一極による「パックス・アメリカーナ」が完成しました。しかしながら、経済ではいわゆる「双子の赤字」を抱え、対外政策ではイスラム勢力という新たな敵の出現など、必ずしも安定したものとはいえませんでした。そして現在、米国はいわゆる二〇〇一年に起こった「九・一一」と呼ばれる米国同時多発テロによって全土の安全が根底から揺るがされ、また経済面ではいわゆる「リーマン・ショック」から一九二九年以来の大恐慌に見舞われ、米国経済への信頼が揺らいでいます。

このような状況にあって、ご存知の通り、非在来型天然ガス「シェールガス」が世界経済に大きな影響を与えています。「シェールガス革命」は、「パックス・アメリカーナ」の再来といえるのでしょうか？ 米国でのシェールガス生産拡大で、エネルギー需給は世界規模で変化しようとしています。米政府はメキシコ湾テキサス州のフリーポートから、そして東海岸メリーランド州コーブポイントから日本への輸出を解禁しました。米国内の安価な天然ガスが日本に輸入されると、自ずと日本のエネルギー調達コストの引き下げに繋がるものと大きな期待が寄せられています。このように、「シェールガス革命」は世界のエネルギー事情を一変させようとしています。

シェールガスは世界のエネルギー需給を大きく変えました。英国の石油メジャーＢＰ

が毎年発表する「BP統計二〇一三年版」によれば、米国は二〇〇九年に天然ガス生産量世界一の座をロシアから奪いました。また、米国エネルギー省は二〇年前後には米国が天然ガスの純輸出国になると予測しています。二〇〇八年から二〇〇九年にかけて天然ガス生産において米国がロシアを抜いて世界一の生産国になった事を示しています。

米国内のシェールガスの増産により、天然ガスの需給は緩和しました。生産量の増大は価格の低下に影響します。米国内の指標価格といわれるHH（ヘンリーハブ）価格は、一〇〇万BTU（英国熱量単位）当たり三～四ドルを低迷するようになり、液化天然ガス（LNG）を一七ドル程度で輸入している日本に比べて四分の一から五分の一程度に下がっています。二〇一四年に入って米国全土を襲った寒波により一時的にHH価格は急上昇して、一〇〇万BTU当たり五・五〇ドルを超えていますが、二〇一三年の間は約四ドル前後で推移していたことを示しています。

かつて米国は天然ガスの二割をカタールからのLNG輸入で賄う計画でした。しかし、シェールガスの生産本格化で、カタールからの輸入は次第に減少し、売り先を失ったカタールのLNGは欧州に流出しました。

ちょうど東日本大震災後の原発停止で火力発電用のガス需要が激増した時期で、日本も余ったカタール産ＬＮＧを輸入して急場をしのぐことができました。

割が合わなかったのが、ロシアでした。カタール産ＬＮＧの流入で、欧州のガス価格は下落しました。これまでロシアは大量の天然ガスを欧州へ輸出していましたが、欧州への輸出量も次第に減少するようになり、欧州ガス市場での影響力は低下しつつあります。

このため、ロシア政府要人は二〇一三年に入り、新顧客の確保に向けて「日本・中国詣で」を重ねました。三月には、ロシアのノバク・エネルギー相が来日し、茂木敏充経済産業相や大手商社幹部と会談し、日本市場へのＬＮＧ供給拡大を話し合いましたが、これまで世界経済を牽引してきたＢＲＩＣｓ諸国は、シェール革命によってどのような影響を受けるのでしょうか。

大ダメージを受ける資源国

米国ではシェールガスとともに、シェールガスの採掘方法を使ったシェールオイルの開発も急増しています。国際エネルギー機関（ＩＥＡ）によれば、米国は二〇一五年までには世界一のガス産出国に、二〇一七年までには世界一の産油国になるとの見通しを立てています。こうしたエネルギー情勢の劇的な変化は、米国の安全保障政策をも大きく変えようとしています。

米国は世界最大の石油消費国で、最も多いときには国内の原油消費量の六〇%を主に中東産油国からの輸入に頼ってきました。しかし、二〇一一年の輸入比率は四五%、二〇一二年では四二%と漸減傾向にあります。二〇一三年以降は輸入比率がさらに下がっていくことは間違いありません。

米国はやがて世界一の産油国になって、中東産油国から原油を買う必要がなくなれば、もはや自国の軍事力をエネルギー確保のために中東地域へ集中させる理由もありません。シェール革命は原油や天然ガスの国際的な価格を下げることによって、世界の経済や政治に大きな地殻変動を起こすことになるでしょう。シェール革命によって、新興国の代表であるＢＲＩＣｓ諸国はどのような影響を受けるのでしょうか。負け組は、原油や天然ガス供給で経済を支えてきたロシアとブラジルです。

両国ともこれまで資源高によって過剰な恩恵を受け、経済成長を続けてきましたが、その反面、シェール革命でエネルギー価格の下落が起きると、もはやこれまでの成長は望めず、構造的な経済停滞に突入していく可能性があります。資源に頼らない新たな産業を創り出さない限り、これまでのような成長を続けることはできないでしょう。

さらに、資源価格の問題だけでなく、両国が抱える固有の問題もあります。ロシアには政変リスクが、ブラジルには不良債権リスクがあり、シェールガス革命によってそれらの問題が表面化する可能性が大きいのです。

一方、勝ち組はどこでしょうか。資源の大消費地となるインドです。現在、インドは財政赤字や貿易赤字に苦しみ、脆弱なインフラやカースト制度のために外資を思うように呼び込めないという苦境に立たされています。しかし、これらの点に関しては、シェール革命によって、カーストの問題を除いて多くの問題が改善へ向かうことになるでしょう。ロシアやブラジルとは逆に、資源高の恩恵を受けられなかったからこそ、シェールガス革命の恩恵を受けられる国なのです。

ところで、中国はどうでしょうか。シェールガス革命によって、勝ち組にも負け組にも属さない国ではないでしょうか。世界一のシェールガス埋蔵量があるといわれる中国ですが、埋蔵地域の四川省などは地層が悪く、シェールガスの産出がどれだけ事業化できるかは未知数です。しかし、基本的にエネルギー需要の大きい中国にとっては、エネルギー価格の下落はプラスに働くでしょう。ただし、シェールガス革命による生産コスト構造の激変から、中国はこれまでのように「世界の工場」としての地位を失うリスクが高いので、勝ち組とも負け組とも判断するのが難しいのです。

米国衰退論への決別はできるか

米国内で豊かなエネルギー資源が充分に開発されるようになったことは、米国の経済、エネルギー安全保障、地政学的地位にプラスに作用しているといえます。米国のエネルギーの未来に対して楽観論を耳にするようになったのは、比較的最近になってからです。バラク・オバマが大統領に就任した二〇〇八年の段階でも、エネルギーの専門家たちは、「米国は今後五年間でＬＮＧの輸入を二倍に増やす必要がある」と、悲観的な予測をしていたのです。しかし、技術革新と新技術の出現によって、今や、これらの予測はほぼ全てが反古となっています。一方、米国の石油消費は二〇〇五年にピークを迎えた後、減少へと転じました。二〇〇八年以降、国内の石油・天然ガスの生産量は、年を追うごとに上昇を続けています。国内消費が減少しているにも関わらず、石油生産は今や日量七〇〇万バレルと、この二〇年間で最大の規模に達しています。ＩＥＡは二〇一七年頃までに、米国は世界最大の産油国になると予測し、既に天然ガスについては世界最大の生産国となっています。

天然ガス輸入は二〇〇五年以降、六〇％減少し、現在では米国はメキシコとカナダに多くの天然ガス資源を供給しています。さらにこの六〇年間で初めて石油製品の輸出が輸入を上回るようになりました。それだけではありません。この四年間におけるワシントンの政策が成功したこともあって、再生可能エネルギーによる電力生産が倍増し、電力生産設備で石炭から天然ガスへの燃料の切り替えが進み、エネルギー利用効率の改善も進展しています。

エネルギーの確保は、米国にとって国家安全保障政策や外交で切り離すことの出来ない重要な要素です。国際政治の専門家は米国の衰退を盛んに議論していますが、シェールガスの出現によって一応、そのような見方を払拭できるのではないかと考えています。米国が保有している経済力、軍事力、比類なき同盟関係のグローバルネットワーク、恵まれた人口動態と地理、他の追従を許さない技術革新と大学教育など、米国の資産の多くは広く知られています。これらの資産を保有するゆえに、米国はこれからも世界のリーダーであり続けるでしょう。

第二節　シェールガス革命で日本の石化業界への影響も

シェールガス革命で様変わりする化学産業

自動車、携帯電話、家電製品、衣服、日用品などなど。私たちの身の回りにあふれる様々な製品に、プラスチック（合成樹脂）や繊維、ゴムなどの部材、製造工程に使われる工業原料、各種ガスなどを生産し供給するのが化学産業です。出荷額四〇兆円は自動車産業に次ぐ国内二位、従業者数八八万人は国内製造業で同三位（二〇一〇年、経済産業省調べ）に位置します。この日本の製造業を支える化学産業が崩れ始めようとしています。

米国では「シェールガス」の開発が進み、これを原料にした大型のエチレンプラントが二〇一六〜一七年に相次いで始動する見込みとなっています。その規模は日本勢の計七六〇万トン程度に匹敵するとされます。競争力の低い日本が、中東・中国と米国から「挟み撃ち」にされる構造的問題に対応するために、住友化学は小規模で競争力の低い千葉工場のプラントを停止せざるを得ないという判断に至りました。

注視される三菱ケミカル／住友化学のシェールガス戦略

米国でシェールガス革命が進む中で、日本の石油化学業界で三菱ケミカルホールディングス（ＨＤ）と住友化学の大手二社の戦略の違いが鮮明になってきました。

三菱ケミカルがシェールガスを活用した世界戦略を描くのに対して、業界二位の住友化学は海外に持つ大規模石油化学設備をサバイバル戦略の主軸とする方針です。

世界的な競争激化によって基礎化学原料であるエチレンの国内設備縮小が相次ぐ中で、安価なシェールガスを原料とする石油化学製品が台頭すれば、国内メーカーはさらなる競争力の強化を余儀なくされます。両社の違いはどこにあるのでしょうか。

二〇一三年一月、住友化学は、千葉県市原市にある千葉工場のエチレン製造設備を二〇一五年九月までに停止すると発表しました。これで同社はエチレンの国内生産から事実上、撤退することになります。過剰設備による縮小の必要性は誰もが認識し

石油化学製品の製造工程

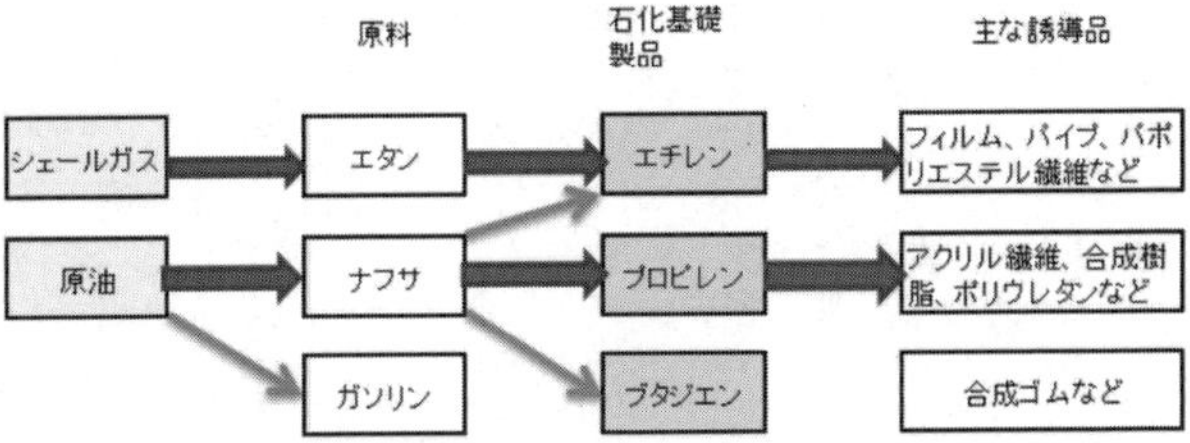

ていますが、自社設備だけは止めたくないのが本音です。それでも住友化学が、鉄鋼と並んで日本の高度経済成長を支えたエチレン設備の停止を決断せざるを得なかったのは、世界的な供給構造の変化によるものと考えられます。

米国ではダウ・ケミカルやエクソンモービルが、シェールガス成分である割安のエタンを使ってエチレンを製造する大型設備の建設を計画しています。その規模は二～三年後には日本の年産能力である約七五〇万トンに匹敵すると予想されています。これに対して、国内のエチレン設備は割高なナフサ（粗製ガソリン）を主原料とするため、シェールガスを主原料とする米国のエチレン製品に太刀打ちできないのではないかとの見方が一般的です。

住友化学が今後の生き残り戦略として掲げるのが、高付加価値化とサウジアラビアやシンガポールで、エチレンや誘導品を生産する石油化学工場の活用です。千葉工場を主力工場と位置付け、原料は他社と共同出資するエチレン製造会社から調達して収益性の高い高機能素材の生産を継続する戦略です。サウジアラビアでは、国営石油会社サウジ・アラムコと世界最大級の石油精製・石化複合施設の拡張を進めています。一期工事はすでに二〇〇九年から稼働を始めており、シンガポール拠点と合わせて原料、誘導品の価格競争力の強化を目指しています。そして、米国でのエタンを使った事業は今のところ考えていません。

これに対し国内最大手の三菱ケミカルHD傘下の三菱化学は、茨城県神栖市にある鹿島事業所のエチレン設備二基のうち一基を二〇一四年三月に停止する計画と、国内設備を縮小する計画の二つの方針は住友化学と同じです。しかし、シェールガスに関する対応策は大きく違っています。具体的には、傘下の三菱レイヨンが世界一のシェアを持つアクリル樹脂原料「メチルメタクリレート」（MMA）の製造設備を米国で建設することを検討しています。MMAはプロピレンから作るのが一般的ですが、同社はエチレンから製造する技術も持っているため、その技術を活用する方針です。

燃料費に苦しむ電力業界

円安傾向になると、輸出産業である自動車、機械製品、家電製品業界は活況を呈します。一方、円安は、海外からのエネルギー輸入に依存している電力・ガス業界は原燃料費の高騰となって跳ね返ってきます。円安のデメリットは、電気・ガス料金の値上げという形で消費者や企業を直撃することです。

エネルギー源の大半を輸入に頼る日本としては、もっぱら原油価格に連動したＬＮＧ調達契約の見直しや安価な米国産シェールガスの輸入促進を含め、調達価格抑制に向けてあらゆる手段を模索することが求められています。

電力・ガス会社は原燃料費の変動によって、料金を値上げしたり値下げしたりすることが出来ます。従って、消費者にとっては、その都度料金が変更される落ち着かない制度ですが、電力・ガス料金の値上げには二つの種類があることを認識しておくべきです。

一つは、原燃料費調整制度による値上げです。原油、ＬＮＧ、石炭の貿易統計価格に基づき、電気・ガス料金を自動的に調整する制度です。原油、ＬＮＧ、石炭とも、ドル建てで輸入しているため、当然、為替レートの影響を受けます。円安が進むと、輸入価格が上昇し、その結果、電気・ガス料金に反映されることになります。原燃料価格の上昇は電力・ガス各社にとってコストアップの要因となりますが、価格上昇の四カ月後には電力・ガス料金に反映されるため、利益ベースでは影響は出ません。

二つ目は、いわゆる「改定値上げ」です。原燃料費を除く経営環境の変化による値上げです。二〇一二年九月に東京電力、二〇一三年五月に関西電力と九州電力が発表した値上げは、これに該当します。背景にあるのは稼働停止中の原発です。二〇一三年三月期の決算では、原発を持たない沖縄電力と、原発依存度が比較的低い北陸電力を除く八社が赤字に陥りました。北海道電力はじめ、東北電力、中国電力の三社も値上げを申請しました。

次に、電力各社が経営改善するには何が必要なのでしょうか。その方法には三つあると考えられます。

一つ目は原発再稼働です。実現すれば原発は発電コストが安いため経営収支の改善へのインパクトは莫大ですが、そのために政治判断が必要なことは言うまでもありません。

二つ目は、改定値上げです。原発再稼働が長引けば、すでに値上げを行っている各社もさらなる値上げを検討せざるをえなくなるでしょう。

三つ目は、固定費の削減です。政治判断を待たずに企業努力で行うことができる一方、原発依存度が高い企業にとって、人件費や修繕費の削減だけで黒字化することは難しいでしょう。そのため、徹底した企業のスリム化が求められています。

これまで述べてきたように、電力各社の経営は原発の動向にかかっていると言って過言ではありません。これまでに米国産シェールガスの輸出解禁が三件発表されましたが、日本へ入るのは早くて二〇一七年からです。中長期的には産ガス国とのＬＮＧ価格交渉の大きな武器となり、輸入価格の下落を期待できますが、電力会社にとって、その経営環境は厳しい状況がしばらく続きそうです。

大きな商機が訪れた鉄鋼業界

シェールガス革命に沸く米国で、日本の鉄鋼各社に大きな商機が訪れています。シェールガスの輸送や生産用にシームレスパイプ（継ぎ目無し鋼管）をはじめとする膨大な特需が生まれています。各社は米国での設備買収などを通し、生産体制の強化に全力を挙げています。

シェールガスの生産が本格化していることに伴い、採掘や輸送、貯蔵施設や海外輸出のための積み出し設備、ガスを液化して運ぶＬＮＧ船の建造、ＬＮＧを利用した発電所建設で使用されるボイラーチューブなどの分野で鉄鋼需要が急増しています。日本の鉄鋼各社は二〇一二年以降、関連需要を取り込む動きを活発化させてきました。

新日鉄住金は二〇一二年一〇月、中国の鋼管メーカー、ＷＳＰホールディングスの子会社から、油井管の熱処理・継手加工などの工場設備を三四億円で買収しました。二〇一五年度中の稼働を目指しています。ＬＮＧ貯蔵タンク用の鋼板では、新日鉄住金がレアメタル（希少金属）のニッケルの使用量を削減しながら、従来と同じレベルの安全性と強度を確保する「七％鋼板」を開発しました。この七％鋼板は、大阪ガスが泉北製造所第一工場（堺市）に建設中の五号タンクで初めて採用されました。

ＪＦＥスチールは五〇％出資するカリフォルニアスチールで電縫管と呼ばれる薄板鋼板を使ったパイプの生産能力を従来の二・六倍に拡大し、二〇一四年八月に稼働させる予定です。また、ＪＦＥスチールは兼松と共同で二〇一二年一一月、油井管加工技術を持つ米ベノワマシンの事業と関連保有資産の買収を完了するなど、エネルギー開発関連に積極的な動きを見せています。

一方、神戸製鋼は、ＬＮＧを気体に戻す気化器に加え、天然ガスを鉄鉱石に吹きかけて酸素を除去する「還元鉄プラント」の受注拡大に力を入れています。天然ガスを使用する還元鉄は、コークス（原料炭）を使う高炉と比べて二酸化炭素（CO_2）の排出を抑えることができます。この技術を採用して、米国テキサス州に建設予定の年間生産能力二〇〇万トンの還元鉄プラントの受注に成功しました。シェールガスの生産増で天然ガス価格が下落したことを背景に、還元鉄プラントは注目されることとなり、同社は「多くの引き合いを受けている」と話しています。

第三節　シェールガス関連産業はどう動くか？

加速する大手商社のエネルギー開発の動向

米国のシェールガス革命の経済効果は、化学産業だけで二〇〇〇億ドル（約二〇兆円）、六〇万人の雇用創出が期待されています。それだけに、日本の大手商社は、「ポスト中国の有望投資国は米国にあり」と考えているようです。中でも、安価な天然ガスを使った火力発電に需要が見込まれるため、「電力事業が有望」と、各社とも米国向け投資に焦点を合わせています。

日本の大手商社が米国投資を再評価する背景には、米国は五年以内にサウジアラビアを抜いて世界最大の産油国になるとのＩＥＡの予想もあり、米国経済の復権に手応えを感じていることがあります。さらに、ガス火力発電用タービンの投資が増え、電力料金が下がれば、他の製造業も活性化し、米国経済も蘇ると手応えを感じていることも理由にあげられます。こうなると原発の停止で、これを代替する化石燃料の購入により陥っている貿易収支の赤字を打破し改善に向かわせるなど、マクロ経済効果にも期待ができるのです。商社にとって、政治リスクの少ない米国投資の魅力はますます高まることになります。表3・3・1はシェールガス革命が米国の各業界にどのような経済効果をもたらすのかをまとめたものです。

シェールガスを原料として汎用化学品を作るコストは、原油に比べ二〇分の一〜三〇分の一、液化天然ガス（LNG）に比べ五分の一との試算もあり、世界各国の企業は、シェールガスは割安な資源として、その商機をうかがっています。

日本企業では、まず総合商社が権益獲得に動きました。住友商事が二〇〇九年に米テキサス州のガス田への出資を決めたのを皮切りに、三菱商事、伊藤忠商事、丸紅なども相次いで権益を確保しました。具体的には、三井物産、三菱商事はメキシコ湾のキャメロン基地から、住友商事は東海岸のコーブ・ポイント基地から、

表3.3.1　シェールガス革命による米国の主な経済効果

業界	内容
全米化学工業会	化学産業の生産で2,000億ドル、60万人の雇用創出
全米天然ガス協会	貯蔵や輸送パイプライン網の建設などインフラ投資が2020年までに約1,000億ドル
化学業界	米ダウケミカル、、ロイヤル・ダッチ・シェルなどが7件のエチレン工場の建設を計画中
肥料業界	米モザイクなどが6件の肥料工場の建設を計画
鉄鋼業界	採掘用シームレスパイプの増産や天然ガス利用プラントを計画
自動車業界	テキサス州などで業務用天然ガス自動車の導入が進む

ガスを液化して日本に輸出するプロジェクトに参画しました。

一方、日本の電力会社と都市ガス会社は、シェールガスを液化したＬＮＧの調達に乗り出し、火力発電の燃料、都市ガス用の原料にすることを計画しています。

シェールガス革命で息を吹き返す米国製造業に新たな設備投資やインフラ需要などを取り込もうと、日本の大手商社が米国向け投資に集中しています。三井物産は、出光興産とガスを使った化学事業に乗り出すのを手始めに、他のエチレン生産プロジェクトへの参加も検討しています。三菱商事は、三菱重工業と組んで化学プラントの心臓部にあたるコンプレッサーの販売攻勢をかけています。丸紅は主としてガス火力事業に進出を計画しており、住友商事はインフラ需要をにらんで、強みの鋼管ビジネスを拡充しています。各社とも、将来産油国に転じると予想される米国の経済復調に手応えを感じています。

石油や化学産業が集中するテキサス州ヒューストン市近郊のフリーポート市は今、化学メーカーの一大投資ブームに沸いています。安価なガスを使うことでエチレンなどの基礎化学品の製造コストが一気に低下し、国際競争力が高まり、米ダウ・ケミカルやエクソン・モービルなどの増産計画がめじろ押しとなっているのです。

三井物産は出光興産と組み、米国南部で自動車用潤滑油や家庭用洗剤の原材料を二〇一六年から生産する計画です。テキサス州でシェールガスの権益を持ち、ダウ・ケミカルと提携する三井物産は数年前、ここで化学産業復活の兆しを感じ取ったのです。三井物産は、ダウ・ケミカルとはテキサス州で電解工場を合弁設立するなど以前からパートナー関係にあり、出光ともαオレフィンを含めて海外販売で協力関係にあります。

投資が加速する化学や肥料プラントの合成過程では、気体を圧縮するコンプレッサーが欠かせません。三菱商事と三菱重工は二〇一二年一〇月、ヒューストンでコンプレッサーの販売・サービス会社を設立し業務を開始しましたが、需要は予想以上の順調さを示しています。

住友商事は、シームレス鋼管製造会社への資本参加に積極的です。過酷な環境下のシェールガス開発にはシームレス鋼管へのニーズが高いからです。加えてインフラ需要の拡大をにらみ、新たな投資機会を探っています。

新たな需要を狙うＬＮＧ輸送産業（造船、海運）

シェールガスが、いよいよ「世界の常識」を変えはじめました。そして、その波紋は日本へも波及しそうな勢いです。高いＬＮＧ価格が下落する可能性もあり、ＬＮＧ船の需要増で、青息吐息だった日本の造船業、海運業が、いま大復活をとげようとしているのです。

ＬＮＧ船の建造も多数計画されており、米国、アジア、中東までの輸送コストも大きく下がる公算があるほか、ＬＮＧ船の需要拡大で、日本企業にも多くのメリットがもたらされます。ＬＮＧ船に関する日本の技術は世界トップレベルにあります。マイナス約一六〇℃の超低温技術は、三菱重工業、川崎重工業やＩＨＩの独壇場といえます。また、日本は早くから貯槽タンクや液化装置の開発を手掛けて、日揮や千代田化工建設が世界の中で大きなシェアを占めています。

これまで低迷してきた日本の造船業ですが、ＬＮＧ船をテコに復活を遂げる環境が整ってきました。全世界で運行されるＬＮＧ船の数は現状で約三八〇隻ですが、今後六〇〜七〇隻の需要が生まれそうです。積載容量一四万㎥クラスのＬＮＧ船の価格は一隻約二〇〇億円であり、受注するとその波及効果は大きいものが有ります。

こうした需要増を見越して今治造船と三菱重工業が合弁会社を設立し、年間八隻以上の製造を計画しています。また、ジャパンマリンユナイテッドはＬＮＧ船を新たな収益源とし、三～四年後に売り上げを約四割伸ばすとしています。三井造船は天然ガスを使った船舶エンジンに強く、また、川崎重工業はＬＮＧを燃料とするタンカーの製造に強く、まさに日本の技術の見せどころです。

以前、横浜、神戸、長崎などで活発であった造船業は、日本の得意技である造船立国を象徴する拠点でしたが、中国、韓国勢に圧倒されて、一気凋落の憂き目にあってきました。しかし、海洋立国日本がシェールガス革命を追い風に、再びその勇姿を世界に示そうとしています。

このような状況の中で、ＬＮＧ船の発注が大量に出てくることが予想されます。技術的に建造できる会社は限られているために、豊富な実績のある企業には絶好のチャンスです。特に、三菱重工や川崎重工業は、ＬＮＧ船の大量受注獲得に大きな期待を寄せています。

三菱重工業は二〇一三年度にＬＮＧ船だけで八隻前後を受注しています。さらに、いずれも二〇〇四年を最後に受注が途絶えている三井造船とジャパン マリンユナイテッド（ＪＭＵ）も実質的な再参入を宣言するなど、国内大手造船界の間でＬＮＧ船がにわかに脚光を浴びています。

造船業界が活況を呈しているのは、シェールガス革命を背景とした米国産ＬＮＧの輸出が開始されるためです。他国産よりも安価なため、日本でも複数の電力・ガス会社が米国からの調達を計画しています。その海上輸送に必要なＬＮＧ船の発注ラッシュが見込まれているのです。さらに円安傾向下では、ドル建て入札ではより安く応札できるので落札に有利に働きます。

三菱重工・今治造船がタッグ

世界的に見れば、今やＬＮＧ船は韓国造船大手の独壇場です。韓国勢は一社で年間一〇隻以上の建造能力と価格競争力を武器に、海外大型案件を次々と受注しています。反面、かつて世界をリードした日本勢の存在感は乏しいものです。ただし、日本国内に限れば話は別です。国内の電力・ガス会社は長年の信頼関係がある国内造船会社に発注するのが常識で、今回のＬＮＧ船も日本国内の電力・ガス会社からの発注が確実視されています。

こうした需要を手中に収めようと、国内造船大手は準備を進めています。ＬＮＧ船で国内最多の実績を誇る三菱重工業は二〇一三年四月、造船専業最大手の今治造船と合弁会社MILNGカンパニーを立ち上げ、LNG船の営業を一本化しました。建造分担も視野に入れた提携で、二社合計で年間八隻の建造が可能です。三菱重工業は、「これから何年かは多くのLNG船の需要が出てくる。今治造船と組んで、受注したい」と、提携の目的を明確にしています。

そこに待ったをかけるのが、実績二位の川崎重工業、さらに再参入組の三井造船とJMUです。三井造船は得意とする舶用エンジンの技術を生かし、燃費性能に優れたガス焚きの低速ディーゼルエンジンを開発しています。それを搭載したLNG船の受注を目指しており、業界関係者らを工場に招待してエンジンのデモ運転を行うなど売り込みに懸命です。

二〇一三年一月に、JFEホールディングスとIHIの造船子会社が合併したJMUも、独自の大型LNG船を開発中です。安全性が高いIHIのSPBタンクを採用した船で、LNG船を合併新会社の大きな柱にすると意気込んでいます。

第三章　参考文献

①パラダイムシフトを迎えた世界のエネルギー事情（アーガスメディア社、2013年

9月）
②ＬＮＧ価格の考察（同）
③米国産ＬＰＧの輸入に関する考察（同、２０１３年３月）
④North American's Shale gas Revolution（同、２０１３年４月）
⑤とことんやさしい天然ガスの本（日刊工業新聞社、２００８年３月）
⑥石油開発時報（石油鉱業連盟、２０１３年８月号）
⑦シェールガス革命の現状と天然ガス・ＬＮＧ価格の動向（エネルギー総合推進委員会、２０１３年４月）
⑧水素エネルギー社会の将来像（経済産業省）
⑨天然ガス燃料船の普及促進に向けた総合対策について（国土交通省、２０１３年６月）
⑩アジア／世界エネルギーアウトルック２０１２（日本エネルギー経済研究所、２０１２年11月）
⑪天然ガス・ＬＮＧの世紀（兼子弘、２０１２年10月）
⑫エネルギー革命　シェールガス開発の実態とインパクト牧　武志、２０１３年５月）
⑬エネルギー市場の動向（日本経済新聞社、２０１３年５月）

⑭シェール革命と中東産油国（日本エネルギー経済研究所、２０１３年５月）
⑮Review of Emerging U.S. Shale Gas and Shale Oil Plays (EIA:Nov. 2012)
⑯Annual Energy Outlook 2013 (EIA:Jun.2013)
⑰World LNG Report 2013 (IGU)

第四章　シェールガスの真実、価格は本当に下がるのか

第一節　米国シェールガス革命が価格に与えた影響

低迷する米国内ガス価格の今後の動向は？

シェールガスやシェールオイルの生産量は、今後も右肩上がりで増え続ける見通しにあります。米国内で多数の中小企業がシェール開発を進めているのに加えて、石油メジャーまでもが相次いで、長期的な計画に基づき、北米を中心に世界的なシェール開発に乗り出し始めたからです。

石油メジャーの中でも米国のエクソンモービルは、シェール開発に最も積極的に投資しています。同社は二〇一〇年に、シェールガスで急成長していた米ガス生産二位のXTOエナジーを買収し、その後も国内外でシェール開発に絡む企業や資産の買収を次々に成功させています。二〇一一年以降、国内では代表的なシェールガス田であるバッケンの資産を買収し、国外ではカナダのガス田を買収しました。

一方、米国のエクソンモービルにやや出遅れはしましたが、英蘭ロイヤル・ダッチ・シェルや米シェブロンも、次々とシェール開発のための投資や進出先を増やし始めています。

英蘭ロイヤル・ダッチ・シェルは他のメジャーに先駆けて世界中で液化天然ガス（LNG）の開発を進めてきたことに強みがありますが、その強みを生かすためにも米国やカナダでシェールガス田の開発を積極的に進めようとしています。米シェブロンもまた、米国でのシェールガス田の開発に加え、カナダやアルゼンチンでシェールガスをLNGにして輸出する計画に参加しています。

エネルギー価格は、供給増で低迷

石油メジャーがシェールガスの開発を本格的に始め、多くの中小企業がシェールオイルの開発に流れたことを長期的な視野で捉えると、米国・カナダなど北米においては天然ガスや原油の供給量が増加の一途をたどることを意味しています。BP統計二〇一三年版によれば、米国は二〇〇八年から二〇〇九年の間に天然ガス生産でロシアを抜いたことを示しています。前述の通り、国際エネルギー機関（IEA）によれば、米国は二〇一七年までには原油生産でサウジアラビアを抜き、ガス、原油の双方の生産量で世界一になるとみられています。

米国とカナダ以外ではまだ大きな成果が見込めない状況にありますが、今後この中のいくつかの国々では試験的な採掘で良い結果が出るケースも出てくるでしょう。米国、カナダ以外の国々でも、シェールガスやシェールオイルの供給国になる可能性が高いのです。

たとえ世界の人口が右肩上がりに増加することによって天然ガスや原油の需要が増加したとしても、それ以上に米国・カナダを中心に世界中の生産拠点から供給が増加することによって、天然ガスや原油価格は下落の傾向をたどることになるかもしれません。

天然ガスの長期需要予想は明るい見通し

日本エネルギー経済研究所は、「アジア／世界エネルギー・アウトルック２０１３」で、世界のＬＮＧ需要量は二〇一二年の二億三六〇〇万トンから二〇四〇年には五億二〇〇〇万トンへと、約二倍まで拡大することを予測しています。そして、アジアのＬＮＧ需要量は二〇一二年の一億六六〇〇万トンから二〇四〇年には三億六〇〇〇万トンへと、一億九四〇〇万トン増加し、世界のＬＮＧ需要増加量の約七割を占めるとしています。

欧州では二〇一二年〜二〇四〇年までに七四〇〇万トン増加し、世界のＬＮＧ需要量の約一・五割を占めるとしています。一方、米州地域のＬＮＧ需要量は一九〇〇万トンから二一〇〇万トンへとほぼ横ばいになると予測しています。

以上のように、今後も旺盛なＬＮＧ需要が見込まれる中、豪州をはじめ北米、ロシア、東アフリカなどで新規ＬＮＧプロジェクトが開発中で、これらのプロジェクトが順調に立ち上がれば、供給能力は十分に需要に見合うものと考えられます。

価格差が縮じまらない天然ガスと原油

アジア向けＬＮＧ供給を原油価格リンクで行うか否かという議論は、ガス価格決定方式を取り巻く問題のひとつに過ぎません。欧州ではこれまで原油価格にリンクしたパイプラインガス契約が主流でしたが、ガス・ハブを通じた現物取引のシェア拡大と、長期契約におけるハブ価格指標導入が増加して、現在、価格体系の過渡期における混乱の最中にあるといえます。また、ペルシャ湾岸諸国では、手厚い補助金制度を背景としたガス需要増の対応に苦慮しています。同地域では天然ガスはコストを下回る安値が続いたことが需要の急増に繋がり、新たな天然ガス供給源開発への投資意欲を阻害しているといいます。

一方、米国や英国などのように完全に自由化されたガス市場では、通常はハブ価格を指標として卸売価格が決定されますが、ガス輸入国では「概して国境価格そのものである」とされています。従って、輸出入を行わずにガスを自国で産出する国では、卸売価格という概念は存在しないということになります。こうしたケースでは、卸売ガス価格は井戸元価格やシティゲート価格とほぼ同じであったりします。一般的には、卸売価格とは、ガス輸送の出発地点である主要な高圧ガスパイプライン網へ送り込まれた時点の価格や、その出口となる地点でのガス配給会社や大口需要家などへの販売価格辺りを指します。

天然ガスが持つ特性のひとつとして、その他の大半の商品と異なり、様々な価格メカニズムが存在することが挙げられます。天然ガスが他の商品と異なる点について、天然ガス田は往々にして各国のガス消費市場から遠く離れた場所に位置するため、最終価格に占める輸送コストの割合はおよそ二〇〜七〇%と極めて高いことが指摘されます。これに対して、電力の輸送コストは一〇〜三〇%、アルミニウムやコーヒーは五%以下になるといわれています。

また、多くの商品市場では、貯蔵量こそが価格のフレキシビリティの鍵を握ることになりますが、天然ガス産業においては、貯蔵に多額のコストがかかることと、貯蔵に最適とされる地下貯留層の地質が限られることから、貯蔵能力の果たす役割は小さいとされます。更に、大半の商品と異なり、天然ガスは市場に輸送するためのパイプライン網が必要となります。パイプラインガスは一定の輸送量を保つ必要がありますが、これは最大輸送能力の範囲内で、インプットとアウトプットのガス量を常に等しくしなければなりません。このことが取引の可能性を左右することから、ハブ価格ベースのガス価格はその他の商品よりも大きく変動しやすくなります。

対照的に、原油価格をベースとしたガス価格は、ハブ価格リンクよりも変動が少ない。これは原油価格自体がガス価格より安定しているため、そして原油価格をベースとした価格は、数ヵ月または四半期の原油、石油製品価格の移動平均を用いて算出されるためです。BP統計二〇一三年版によると、日本のLNG価格は、二〇〇三年以降英国や米国の天然ガス価格に比べて五割以上と極端に上昇しています。

価格メカニズムの行方は?

それでは、価格メカニズムは今後どこに向かうのでしょうか?現在も議論が続くこの問題は、世界各国で開催されている国際会議で重点的に取り上げられています。著名なスピーカーの間で正反対の意見が出され妥協点を見出せずにいるほか、これをきっかけに、根本的な問題にも関わらず意見の不一致がたびたび明るみになっています。

日本、韓国を中心とするアジアのLNG買主は、原油価格リンクを回避するため、何らかの解決策を見出そうとしています。日本の買主の中には、ハブ価格の要素と原油価格の要素を組み合わせたハイブリッドな価格フォーミュラを提案する者もいます。その根拠として、ヘンリー・ハブ（HH）価格リンクによる日本のLNG輸入は、二〇二〇年までに年間一五〇〇万トンに達し、予想輸入量全体の約二〇％に達するとの予測を示し、HH価格が日本の輸入価格のベースになることを主張しています。

他方、HH価格は一時的な解決策に過ぎないとし、アジア向けガス供給は、シンガポールや上海などにアジア地域のガス・ハブを創設し、それを指標として価格決定を行うべきとする意見もあります。しかし、実現までにどれくらいの時間がかかるかは、誰にもわかりません。

次に生産者である売主の意見です。売主は、天然ガス価格は新規の供給プロジェクトへの投資費用に見合うものでなければならないと主張します。例えば豪州の新規LNG

プロジェクトは、その費用は莫大であるものの、売主の観点からすると、LNG買主は供給に関する安全保障の重要さを見極めてから、それに見合う価格を支払うことが必要であると言います。

欧州のトレンドは至って明白で、原油価格リンクからハブ価格リンクへと徐々に移行するというものです。これは流動的且つ透明性のある天然ガス・ハブを設立し、統一市場を形成するという規制当局の決定によるもので、ガス・ハブはガスが市場間を自由に行き交えるような混雑のない相互接続輸送網に接続されることを目指しているのです。しかし欧州に関する大きな疑問は、古い長期契約が契約条件の再交渉や調停での聴取などを経て徐々に変化していくのか、それとも、他の自由化市場のように急速に新たな現実へ移行するのか、ということです。

また、多額の補助金を受けている中東地域に代表されるガス市場は、いずれは移行期を迎える可能性が高いといわれています。しかしこの移行期がどれほど早く訪れるかは、政治的意思と天然ガス不足の深刻さの度合いにかかっているといえます。

第二節　大震災と福島原発事故で露呈したジャパンプレミアム

日本の貿易収支が三一年振りに赤字に

いま、日本の貿易赤字が急激に拡大したことはご存じだと思いますが、では、その原因をご存じでしょうか。その原因を説明するのには、「表4－2－1　震災前後の日本のLNG輸入価額が貿易収支に与えた影響」を見ると分かりやすいと思います。表は、二〇一〇年と二〇一二年の貿易収支を比較したものです。二〇一〇年の日本の貿易収支は六・六兆円の黒字でしたが、震災後の二〇一二年には七兆円の貿易赤字となりました。実はその大きな原因のひとつがLNGの輸入増加だったのです。二〇一〇年のLNG輸入量が七〇〇一万トンに対し、二〇一二年は八七三二万トンと、約二五％増加しました。これに対し、二〇一〇年のLNG輸入金額は三・五兆円であったのに対し、二〇一二年は六兆円に膨らみ、七一％の増加となりました。このように、輸入価格の上昇とLNGの輸入量の急増という二つの要因によって、二〇一二年の日本の貿易赤字は急激に膨らんだのです。

二〇一二年の貿易収支は七兆円の赤字で、その中でのLNG輸入金額が六兆円を占めているのは表4．2．1で示した通りですが、そのLNG輸入額六兆円の増加要因を分析したものが表4．2．2です。二〇一〇年のLNG輸入金額三・五兆円に対し、二〇一二年には価格が三七%上昇しさらに一・三兆円膨らみました。それと同時にLNG輸入量の増加が二六%増加して〇・九兆円膨らみました。また重複効果として〇・三兆円が加わり、合計六兆円となったわけです。さらに二〇一三年は円安の影響により貿易赤字は雪だるま式に増加しました。

日本は米国の九倍、問われるガス通商戦略

長年貿易立国だった日本は、ついに貿易赤字に

表4.2.1　震災前後の日本のLNG輸入価格が貿易収支へ与えた影響

（単位:兆円）

			2010年	2012年	増減
輸出金額			67.4	63.7	▲3.7
輸入金額			60.8	70.7	9.9
	うち化石燃料		17.4	24.1	6.7
		うち原粗油	9.4	12.2	2.8
		うちLNG	3.5	6.0	2.5
		うち石炭	2.1	2.3	0.2
貿易収支			6.6	▲7.0	▲13.6

	2010年	2012年	増減
LNG輸入量（万t）	7,001	8,731	1,730

（出典:日本政策投資銀行のデータを基に、筆者が作成）

陥り、その旗を降ろさざるをえなくなりました。赤字要因は、火力発電を稼働させる大量のＬＮＧを割高な価格で海外から調達せざるを得なくなったためです。一方で、東日本大震災で福島第一原発事故が発生。国内の原発がストップし、その不足分の電力を賄うための主な燃料がＬＮＧであることも事実です。今後直ちに、震災以前のように原発を稼働させ、電力供給体制を構築することは考えにくいといえます。そうすると、いまこそ考えなければならないのは、ＬＮＧ調達のための通商戦略です。

日本が今後、貿易赤字を減らし、電気・都市ガス料金の上昇を抑えるために、エネルギーを安く安定的に調達するための通商戦略を具体的にどのように推し進めるべきなのかが重要な課題であり、まさにその真価が問われようとしているのです。

表4.2.2　2012年LNG輸入金額6兆円の増加要因分析

（出典：日本政策投資銀行のデータを基に、筆者が作成）

原油リンクからガスリンクへの論理的根拠は？

二〇一三年九月一〇日、東京都内のホテルでLNG産消会議が開催されました。産ガス国側からは、供給の安定性や消費国との信頼の絆が強調されたのに対し、日本の電力会社、都市ガス会社など消費国側からは、LNGが原油価格に連動していることへの不合理性を訴える声が続出しました。さて、この原油価格連動への不合理性とは、一体どのようなことを指すのでしょうか？もし読者の皆さんが日本のLNG買主であるとしたら、LNG生産者である売主を前にして、どのような不合理性を訴えるのでしょうか？筆者は、その根拠として次の三点を挙げたいと思います。

一つ目は日本の一次エネルギー供給の推移から、エネルギーの太宗を占めていた石油の圧倒的な存在感が薄れてきたという点です。一九七一年から二〇一一年のわが国の一次エネルギー供給の推移をみると、この四〇年間で、一次エネルギー全体に占める石油のシェアは一九七一年の七四％から、一九九一年には五七％、二〇一一年には四七％に減少しています。これに対して、天然ガスの占める割合は、一九七一年は三％に過ぎませんでしたが、一九九一年には一一％、二〇一一年には二二％と飛躍的に増大してきました。四〇年間で一次エネルギー総供給量が一・三倍に増大する中で、絶えずそのシェアを伸ばしてきたのは、天然ガスと石炭なのです。このように、一次エネルギーの中で石油の占める割合が五〇%以下となっている現在、LNG価格が石油にリンクしていれば、エネルギー情勢を正しく反映しているとは言いがたい状況が到来しているといえます。

二つ目は、火力発電用燃料として使用される石油、石炭、LNGのうち、石油のシェアが激減している点です。日本の電力会社は過去四〇年間、どのような火力発電用燃料を使用してきたのでしょうか。電気事業者による火力発電量は、一九七〇年の一八八二億kWhから二〇一〇年四七九三億kWhへと二・五倍の伸びとなっています。その中で石油の推移を見ると、一九七五年の二〇四七億kWhをピークに次第に下降線をたどり、二〇一〇年には四六四億kWhまで減少しています。これに対して、LNGの伸びは、一九七五年までには石炭を凌駕するようになり、一九八五年までには石油を追い越してしまいました。また、石油は二〇〇〇年までには石炭に追い越されて、シェアは最下位となっています。そして、二〇一〇年における火力発電用燃料に占める各エネルギーの発電量とそのシェアは、LNG二八七五億kWh(約六〇%)、石炭一四五八億kWh(約三〇%)、石油四六四億kWh(約一〇%)という内訳になっています。このように、火力発電用燃料としての石油の存在性は極めて薄い状況となっています。従って、今や、火力発電用の主力燃料となったLNGの価格がいまだに原油価格にリンクしているることは、現在の発電用燃料の価格がエネルギー事情を正しく反映していないといわざるを得ません。

三つ目の根拠は、石油の用途が時代の変遷とともに、発電用燃料としてよりも、ガソリン、軽油などの輸送用や石化用原料に多く利用されているという点です。石油連盟がまとめた二〇一〇年度の「石油製品の用途別国内需要」によると、総需要量二億三〇七万六千klのうち、電力用はわずかに一一〇七万一千klと五%程度しか占めていません。石油製品は日本の発電用燃料として多くは利用されなくなっていますので、LNGの価格を決めるに当たって、原油価格にリンクしていることは、エネルギーの使用実態を正しく反映しているとはいえません。

以上、LNG価格の原油価格への連動が不合理的である根拠を三点あげましたが、次の課題として、LNG価格は何にリンクすればいいのだろうかということがあります。前述したLNG産消会議では、米国のHH価格、英国のNBP価格、あるいはアジア諸国に共通するハブ価格を作り、それにLNGをリンクさせる案などが出されました。ここで肝心なことは、ＬＮＧ買主の立場から、(一) ＬＮＧ価格は固定価格とすべきか、あるいは需給変動を考慮した変動価格とすべきか、(二) 原油連動からガス連動にすることの意義は何か、(三) 連動させるべきベンチマークは何か、(四) 新しい価格決定方式決定後のベストプラクティスは何か、などをしっかりと足固めして、ＬＮＧ売主との交渉に臨むことが肝要です。

日中韓が連携すればガス価格は下がる

アジアにはＬＮＧ輸入大国の日本と韓国が存在し、両国が共同してアジアにスポット市場を創設すれば、「アジア・プレミアム」問題は解消されると期待されています。この問題を解決するきっかけになる可能性を持つのが、「アジアＬＮＧハブ構想」なのです。最近、とみに「アジアＬＮＧハブ構想」を口にする人が多くなりましたが、その背景には、いくつかの理由があげられます。一点目は、米国のサビーン・パス基地に続いて、中部電力と大阪ガスが参画しているフリーポート基地、そして住友商事と東京ガスが参画するコーブポイント基地からのＬＮＧ輸出許可が下りたことです。二点目は、二〇一三年五月にシンガポールＬＮＧ基地が稼動開始となるなど、海運ルートの要であるシンガポールでのＬＮＧ物流がどのような影響を与えるのかが、重要な関心事となってきたことです。さらに三点目は、ウラジオストックでＬＮＧ液化基地の建設計画が具体化しており、輸出先として日本が明確化してきたことがあげられます。

そこでこの項では、東アジアのＬＮＧハブ化はどこに収斂していくのか、また、これにともなって、ＬＮＧ価格のフォーミュラーは石油連動価格が継続されるのか、あるいはガス市場連動価格へ移行するのか、韓国、シンガポール、上海、東京の状況を検討してみました。

〈韓国〉 ここで想起する必要があるのは、世界最大のＬＮＧ輸入国は日本であり、それに続くのが韓国であるという事実です。北東アジアのＬＮＧ取引において日韓両国が協力してバイイングパワーを働かせれば、調達価格の引き下げは決して不可能な夢物語ではないのです。

二〇一二年のＬＮＧ輸入量は日本が八八〇八万トン（世界の三二％）で、韓国が三六七七万トン（世界の一五％）です。そのうちスポット取引ないし短期契約による輸入分は日本が一九三九万トン、韓国が九二七万トンで、スポットないし短期契約の比率は日本が二二%、韓国が二五%に及びます。二〇〇九年の同比率は日本が九%、韓国が一〇%でしたから、両国いずれにおいても最近、スポット取引ないし短期契約によるLNG輸入のウエートが急速に高まっていると言えます。同様の傾向は、最近になってLNG輸入を急拡大している台湾や中国についても、確認することができます。

〈シンガポール〉 国際エネルギー機関（IEA）はシンガポールをガストレーディングハブの最有力候補としていますが、この市場もいくつかの制約に直面しています。同国政府は比較的無干渉な姿勢を示していますが、パイプラインによるガス輸入にモラトリアム（猶予）があるため、電力市場に深刻な影響を及ぼしかねません。「パイプラインガスとLNG間の競争が必要です。長期契約価格と潜在的に低いハブ基準価格との間で格差問題が生じる可能性が高い」とある地元公益事業者は述べています。このような事例は欧州にも見ることが出来ます。欧州では電力価格は低価格のハブガスと融合する傾向にあり、依然としてパイプラインガス供給に依存している公益事業会社は、遥かに高い石油連動価格で支払っているため苦境に陥っているという指摘です。シンガポール市場は新規ジュロン基地で再積込みができるとはいっても、実際どれだけのLNGが取引されるかに関しても懐疑的です。

〈上海〉二〇一二年七月、中国の上海石油交易所（SPEX）で中国初の天然ガス・スポット（現物）取引市場が正式に発足しました。夏季のガス・電力ピーク需要に対応するため、またピーク時のガス使用に向け、効率的な市場ベースの価格体系導入を進めるためです。中国石油天然ガス集団公司（CNPC）、中国海洋石油総公司（CNOOC）、申能集団有限公司、新疆広匯集団といった大手企業数社が関心を持ち、合計で一億㎥（LNG換算七・二五万トン）の天然ガスを市場に投入できるよう、準備が整えられました。この数量が二〇一二年九月一五日までの夏季期間、スポット市場で取引されることとなりました。

現在、SPEXのスポットLNG市場はあまりにも小さすぎるため、国内市場全体にさしたる影響はないかもしれませんが、とりわけ中国が急速にLNG地域スポット、短期契約市場への依存度を高めていることを考えると、より効率的な国内ガス市場を目指す前向きな動きと見ることができます。一方、中国では、政府が市場価格を管理しています。従って、LNG・パイプラインガスの輸入価格と市場価格には差があり、その差額は政府や国営石油会社（ＮＯＣ）による補助金によって賄われています。この状況が続けば、中国は高価格な天然ガスの輸入を増加させることができず、中国の天然ガス・ＬＮＧの需要増加には限度のあることが障害となってきます。

〈東京〉東京にＬＮＧ取引ハブの形成は可能なのでしょうか。懐疑的な意見の多い中で日本政府は二〇一三年四月、近い将来、先物市場を創設すると発表しました。もちろん、まだ準備段階へのスタート地点に過ぎず、ＬＮＧ受入基地へのアクセスや市場の流動性には限りがあり、現在のままでは、ＬＮＧ先物市場の創設や取引ハブの形成は簡単ではありません。今後もＬＮＧ取引は長期契約が中心となり、市場が完全に流動的になるとは考えにくいのです。しかし、流動化は徐々に進んで行くと予測されます。そのきっかけとなるのが米国産ＬＮＧで、仕向地の制約がないため、アジア市場での取引機会の増加に繋がるといわれています。契約形態、柔軟性、多様な価格（ＨＨ価格、ＮＢＰ価格リンク）などの要因が揃えば、今後取引機会が増えると考えられています。

図４．２．１は、シェールガス革命が世界に与える影響を示したもので、資源エネルギー庁が二〇一三年四月の時点で作成したものです。この図から、北米向け輸出が消滅

したため、中東産の天然ガスが欧州市場に流入し、その結果、欧州市場で値下げ圧力に直面することになったロシア産天然ガスが極東市場の開拓をめざしていることがわかります。今や、極東市場は、既存の中東産や豪州産の天然ガスに加えて、ロシア産、北米産、東アフリカ産の天然ガスが熱い視線を向ける、「天然ガス取引の世界的焦点」となっています。

ここで、ＬＮＧ輸入国・地域である日本、韓国、台湾、中国が力を合わせてバイイングパワーを発揮すれば、前述したように、天然ガス調達コストの削減が可能となり、「アジア・プレミアム問題」は解消に向かうことが予測されます。

最後に、筆者のＬＮＧハブ化構想についての見解を述べたいと思います。現在、ＬＮＧハブ化構想が何かと話題になっており、前述したように、ＩＥＡさえもシンガポールや上海、東京、あるいはその他のアジア地域にハブを構築することを論じています。またアジアのＬＮＧ新興市場である上海、あ

図4.2.1　シェール革命が世界に与える影響

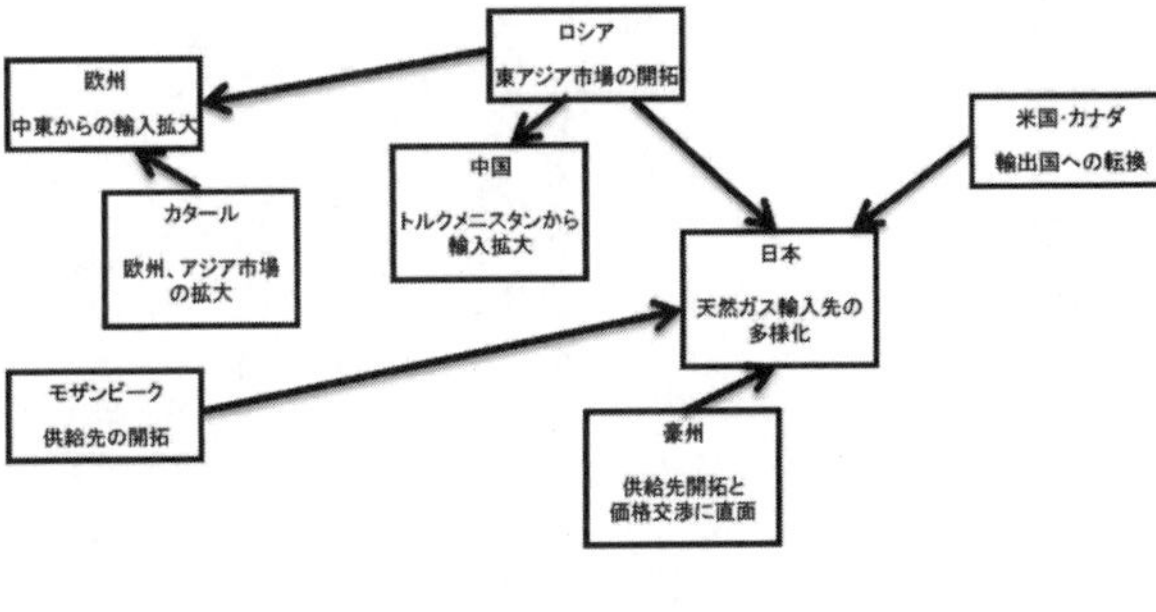

るいは東京などにおけるガス先物市場の創設も取り沙汰されています。しかしながら、筆者は東アジアにおけるＬＮＧ取扱い企業数が限られていること、また、その取引量も限られていることから、ＬＮＧハブ化構想を夢見ることは時期尚早と言わざるを得ないと思います。ＬＮＧハブ化構想を論じる前に、まずは流動性を向上する必要があります。また、机上での流動性向上より先に、物理的な流動性が先決なのです。ＬＮＧ貯蔵量が増加し、パイプライン輸送網が発展すれば、ガス・ハブ構築の可能性は高まりますが、流動性の向上がいつ実現されるかを見極める必要があります。筆者の見解では、ガス・ハブが構築されるには今後一〇年以上の歳月が必要だろうし、たとえ活発なガス・ハブが構築されたとしても、それは二〇二五年以降になると予測します。

第三節　シェールガスが世界に広げる波紋、各国の動き

米国がＬＮＧ輸出に向けて本格的に始動

米国エネルギー省エネルギー情報局（ＥＩＡ）は二〇一三年一二月、米国の二〇四〇

年までのエネルギー需給見通しをまとめた「二〇一四年版年次エネルギー見通し（AEO 2014:Annual Energy Outlook 2014）」の速報版を発表しました。

天然ガスにおいてハイライトとなる点は、ＬＮＧの輸出量が二〇二〇年に約四一〇〇万トンを超え、二〇二九年に同約七二〇〇万トンに達すると予測したことです。その後は二〇四〇年まで同水準を維持するとしています。図４．３．１はＬＮＧ輸出基地計画を表した地図です。この地図の中に日本向け輸出基地のフリーポート、コーブポイント、キャメロン基地が記されています。

今から七～八年前の二〇〇七年頃までは、米国は年間一億トンを超えるＬＮＧ輸入国になるといわれていましたが、シェールガス革命の出現により、状況は一変しました。今や、米国は二〇二〇年末までに世界最大のＬＮＧ輸出国の一つとなるかもしれないといわれています。当初は信じ難いことのように思われましたが、それは現実になりつつあります。

これらプロジェクトにはそれぞれ特徴を持っています。米国エネルギー省（ＤＯＥ）及び米国連邦エネルギー規制委員会（ＦＥＲＣ）の許可条件として、申請した輸出期間二五年を二〇年間に縮小することや、輸出開始目標を許可取得日より五年以内から、二

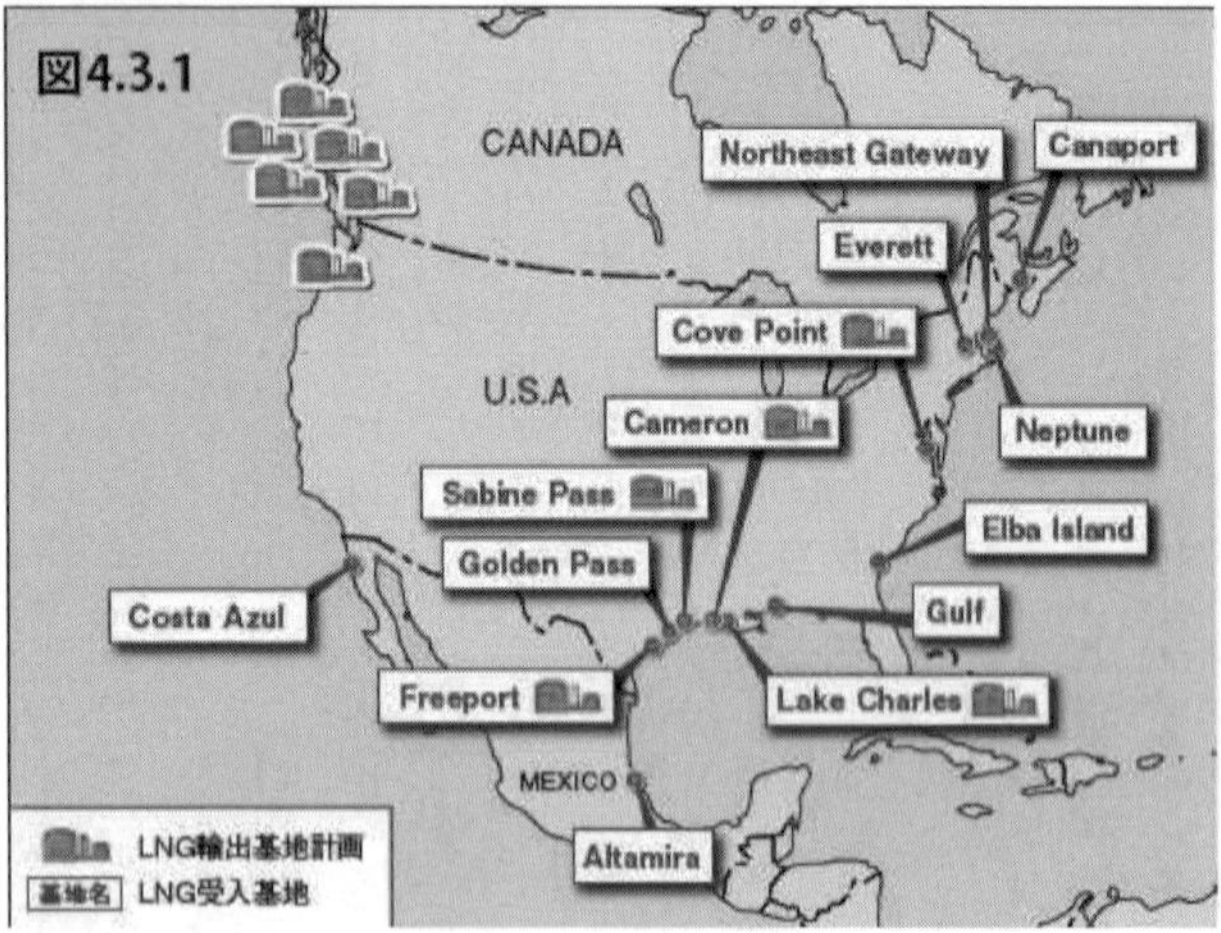

年余裕を持たせて七年以内にすることなどが盛り込まれました。また、米国の輸出者と日本の輸入者で取引されるＬＮＧ価格は、原油価格ではなく、天然ガス価格あるいはＨＨ価格リンク、そして仕向地条項の解消などが基本となっているといわれています。

これら三件のＬＮＧ輸出プロジェクトについては、次項で詳しく説明しましょう。

初の対日認可　フリーポートＬＮＧ輸出

二〇一三年年五月、米国ルイジアナ州にあるフリーポート基地からのＬＮＧ輸出計画が許可となりました。ＬＮＧ輸入者といえば、電力会社、都市ガス会社、商社といった企業が多いのですが、フリーポート基地には新たな輸入者として東芝が加わっています。東芝は今回の契約に関して、価格競争力のある米国産ＬＮＧの調達を希望する日本の電力事業者などへ液化役務を提供することで、同社の発電システム事業の拡大に繋げるとともに、エネルギーの最適活用に貢献したいとしています。

フリーポートＬＮＧ液化プロジェクトでは、米国産ＬＮＧ輸出に向けて、二〇〇八年に操業を開始したフリーポートＬＮＧ受入基地において、液化トレイン三基（生産能力各四四〇万トン／年）の建設や既存設備の拡張が計画されています。このうち第一トレインについては、大阪ガスと中部電力が各二二〇万トン／年の天然ガス液化能力を二〇年間にわたり、第二トレインについては、英ＢＰが全液化能力を二〇年にわたり、第三トレインについては、東芝及び韓国ＳＫが各二二〇万トン／年を二〇年間にわたりそれぞれ確保しています。

二番目の許可を得たコーブポイントＬＮＧ輸出

米国政府は二〇一三年九月、メリーランド州コーブポイントにあるドミニオン・リソーシズの施設からＬＮＧを輸出することを、条件付きで認可しました。これは日本にとって米国から二番目の輸出許可となるものです（図４．３．２参照）。住友商事は、米国内に三件のシェールガス・タイトオイル権益を保有するとともに、米国内での天然ガス・トレード事業も手掛けており、年間二三〇万トン分の天然ガスの調達も行っています。

他方、東日本大震災以降、原発の稼働停止で火力燃料費の負担が大幅に増加している関西電力は、燃料調達における価格指標の多様化や調達先の分散化を図るため、これまで米国からのＬＮＧ輸入について検討してきました。

今回の合意によりＬＮＧ調達の経済性や安定性が一層向上すると期待されています。住友商事は、年間二三〇万トンのうち、年間一四〇万トンを東京ガスに、年間約八〇万トンを関西電力に供給することで、それぞれ基本合意を締結しています。

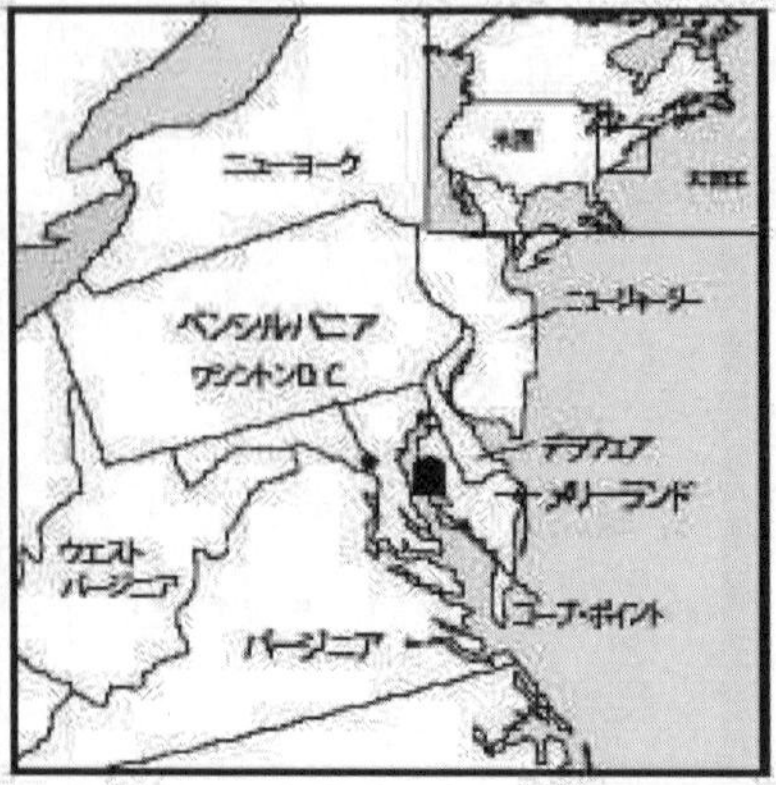

図4.3.2　コーブポイントＬＮＧ輸出基地

三番目の許可を待つキャメロンＬＮＧ輸出の概要

日本にとって米国から三番目の輸出許可となるのを待っているのが、キャメロンＬＮＧ輸出プロジェクトです。二〇一三年五月、三菱商事、三井物産、仏GDFスエズは、米国センプラ・エナジー との間で、米国ルイジアナ州のキャメロンLNG液化基地プロジェクトに出資することで正式契約を締結しました。また、三菱商事、三井物産、GDFスエズの三社は、キャメロンLNGとの間で、二〇年間の契約もそれぞれ締結しました。数量は各年間約四〇〇万トンで、これにより、プロジェクトで計画されている液化能力全てが契約済みとなりました。

液化設備の建設費用は六〇~七〇億ドル、既存設備の現物出資、資金調達費用などの支出額は、九〇~一〇〇億ドルと見積もられています。

センプラ・エナジーは、二〇〇九年にキャメロンLNG受入基地の操業を開始しましたが、現在は同基地を輸出基地へと転換するプロジェクトを進めています。米国連邦エネルギー規制委員会（FERC）の建設許可を取得後、液化トレイン三基（液化能力合計年間約一二〇〇万トン）の新設工事を開始する予定です。着工はFID後の二〇一四年となる予定で、LNGの出荷開始は二〇一七年後半、全トレインのフル稼働は二〇一八年中を見込んでいます。

東京電力は、キャメロン基地については、三井物産及び三菱商事との間で、軽質LN

Gの購入に向けた主要条件について基本合意したことを発表しています。東電は三菱商事及び三井物産からそれぞれ年間八〇万トンのLNGを購入する計画で、契約期間は二〇一七年から約二〇年間となる見込みです。また、価格指標には東電として初めてHHに連動した価格を適用すると伝えられています。※編者註・キャメロンLNG輸出プロジェクトは、二〇一四年二月に米エネルギー省から認可を受けた。

LNG輸出プロジェクト

NEBへの輸出申請/許可状況	液化基地建設地	稼働開始目標
許可取得済み	BC州キティマット近郊 ダグラス・チャネル	2016年初め
許可取得済み	BC州キティマット近郊 ビッシュ・コーブ	2015年
許可取得済み	BC州キティマット近郊	2019年～ 2020年
2013年6月申請 2013年12月許可	BC州プリンス・ルパート	2020年
2013年6月申請 2013年12月許可	BC州プリンス・ルパート またはキティマット	2021年
2013年7月申請 2013年12月許可	BC州プリンス・ルパート 近郊レルー島	2018年末
2013年7月申請 2013年12月許可	BC州スコーミッシュ南西部	2017年

脚光を浴びるか？カナダのLNG輸出プロジェクト

カナダは元来、米国向けにパイプラインガスを輸出してきましたが、シェールガス革命による米国産天然ガスの増産の影響を受け、米国向け輸出が減少してきています。こうした危機的な影響を受けて、その輸出先をアジア太平洋市場へシフトしようとしています。同国では現在、表4・3・1が示すとおり、西海岸ブリティッシュ・コロンビア（BC）州のキティマットで

表4.3.1　カナダの

プロジェクト名	推進企業	年間輸出量（万t/年）
ダグラス・チャネルLNG	BC LNG Export Coop.［ハイスラ・ネーション LNG Partners Golar LNG］	180
キティマットLNG	シェブロン アパッチ	1,000
LNGカナダ	シェル 三菱商事 KOGAS CNPC	2,400
プリンス・ルパートLNG	BGグループ	2,160
WCC LNG	WCC LNG［エクソン・モービル インペリアル・オイル］	3,000
Pacific Northwest LNG	ペトロナス 石油資源開発	1,968
Woodfibre LNG	Woodfibre Natural Gas	210

四件、プリンス・ルパートで二件、スコーミッシュで一件のLNGプロジェクトが計画されています。

同表には七件のLNGプロジェクトが示されていますが、この中には三菱商事、石油資源開発（JAPEX）の名前が入っています。また、国際石油開発帝石（INPEX）及び日揮（JGC）の合弁会社インペックス・ガス・ブリティッシュ・コロンビア（IGBC）は、BC州北東部で中国海洋石油総公司（CNOOC）傘下のネクセン（カナダ）より、シェールガス三鉱区（ホーンリバー／コルドバ／リアード各地域）の権益の各四〇％を取得しています。さらに出光興産も、カナダ西海岸におけるLNG・LPG輸出プロジェクトの可能性をアルタガス（カナダ）とともに検討しています。

北極圏への挑戦①アラスカ・ノーススロープLNG輸出プロジェクト

「最後のフロンティア地域」であるアラスカ州と米国本土四八州を繋ぐガス・パイプラインの敷設計画は、一九七六年に議論が開始されましたが、米国本土四八州に「シェールガス革命」が到来した今、ほぼ間違いなく実現する可能性は低くなりました。ガス・パイプラインの敷設計画に代わって、LNG開発が更に進められる可能性が高いからです。

そこでアラスカでのガス開発計画を巡る今後の展開にはどのような背景があり、どのような重要性が含まれているかを考えてみると、次の三つの重要点が挙げられます。

第一点は米国内におけるガス需給の構造的変化への適応が挙げられます。米国エネルギー情報局の二〇〇七年版長期見通しにおいて、米国は二〇三〇年のLNG輸入量は一億トン近くに達するという予測でした。この予測はシェールガス革命の到来により見事に覆され、二〇一三年版見通しでは二〇三〇年には米国はLNG輸出国になると予測しています。まさに米国ガス市場では、革命的な需給構造変化が起こり、アラスカの資源開発もこの変化に伴った施策が迫られようとしています。

（図4.3.3　アラスカ・石油パイプライン）

第二点は、アラスカ産天然ガスは、世界のLNG需要の四分の三を占めるアジア市場に地理的に近いという点です。既存の主要市場である日本、韓国、台湾に加え、今後も需要が大きく伸びると期待される中国、インドに加えて、さらには新規市場としてシンガポール、タイ、ベトナムなどが期待されます。

第三点は、アラスカ州が抱える経済対策の必要性です。アラスカ州の石油生産は一九八八年には日量二〇〇万バレルを超え、全米生産の四分の一を占めていました。しかし最近では減産が進み、生産量は日量六〇万バレルとかつての三分の一となってしまいました。アラスカ州としては、保有する豊富な資源の開発を進め、経済、社会インフラ、雇用対策を進めていかなくてはならない必要性に迫られています。

北極圏への挑戦②ロシアのヤマルLNGプロジェクト

ヤマルLNGプロジェクトは、シベリア北西部ヤマルネネツ自治管区のヤマル半島北東部に位置するサベッタ港に、液化トレイン三基（生産能力各五五〇万トン、合計年間一六五〇万トン）、LNG貯蔵タンク四基（容量各一六万㎥）、ガス処理設備などを擁する液化基地を建設し、LNG及びコンデンセートを出荷するものです。天然ガス供給源はヤマル半島に位置するユジノタンベイ・ガス・コンデンセート田で、二〇一二年末時点の確認・推定埋蔵量は九〇七〇億㎥と見積もられています。第一トレインの操業開始は二〇一六年末を、フル稼働は二〇一八年を目指しています。

ノバテックは今年六月に、ヤマルLNGプロジェクトの権益二〇％をCNPCに譲渡し、CNPCが同プロジェクトから長期契約ベースで最低年間三〇〇万トンのLNGを購入することで、枠組み合意を締結していました。権益取得完了後のヤマルLNGプロジェクトの参画企業と権益保有比率は、ノバテック六〇％、CNPC二〇％、トタル二〇％となります（表4．3．2参照）。

同プロジェクトでは、二〇一三年四月に、日揮（JGC）と仏テクニップのコンソーシアムへの液化設備の設計、資材調達、建設（EPC）の発注内示が、同年七月には、プロジェクト専用のLNG船建造に関し、韓国の大宇造船（DSME）との間でスロット予約（**slot reservation**）契約が締結されました。また建設作業については、二〇一二年七月にサベッタ港で港湾施設の関連工事が開始されており、現在は液化プラントのモジュールなど建設資材、機器用の受入バース四基が建設中です。

このLNGプロジェクトについて注目すべき点が三点あります。第一点はLNG取引を通じてロシアと中国の経済的リンケージが強まったことです。今回の基本合意書の締結に際し、CNPC側は、「膨大な在来型ガス資源を供給源とするヤマルLNGプロジェクトに参画することを嬉しく思う。今後、より長期間に亘る中国へのLNGの安定供給が保証された。ロシアは国際LNG市場への進出を拡大しているが、我々はロシア産LNGの中国向け供給量増加を歓迎する」と語っています。一方、ノバテック側は、「今回の締結はプロジェクトの実現に向けた重要な一歩といえます。CNPCは、国際的LNGプロジェクトにおいて豊富な経験を持つ信頼できるパートナーであり、急成長する中国の天然ガス市場を代表する長期LNG買主でもある。CNPCが、中国からの資金調達に大きく貢献してくれることにも期待している」と述べています。

第二点目はLNG価格がJCCリンクとされたことです。このプロジェクトの最大の鍵は価格にあります。世界に販路を持つトタルと組み、夏はアジア、冬は欧州にLNGを

LNGプロジェクトの概要

レイン数	稼動開始年	輸入国	輸入者	輸入量（万t/年）
3	第1トレインは2016年末に、2018年にフル稼働	中国 欧州方面？	CNPC 欧州企業？	300 ？

販売する異色の戦略を描いているのです。問題はＬＮＧを運ぶコストです。高価な砕氷船を使ってＬＮＧを運ばなければならず、これが販売価格に影響することは必至です。また、ヤマルＬＮＧプロジェクトが稼働を開始する頃は、米国産ＬＮＧが日本に入ってくる頃です。価格競争の点でどのような展開となるか注視されています。

第三点目は、北極海ルートの確保です。北極海航路はベーリング海とロシア沿岸を通り、東アジアと欧州北部を最短距離で結ぶルートですが、ロシアが北極圏の関与を強める背景には、地球温暖化の影響で北極海の氷が急速に溶け、大陸棚に眠る豊富な石油と天然ガスの開発や、北東アジアと欧州を結ぶ北極海航路の利用が加速し始めたことにあります。

注視されるロシアのウラジオストックＬＮＧプロジェクト

表4.3.2 ヤマル

プロジェクト名	参加企業	構成比(%)	生産能力(万t/年)	ト
ヤマル	Novatek	60%	1,650 (550×3)	
	トタル	20%		
	CNPC	20%		

（出典：各種資料を基に筆者が作成）

ガスプロムは、サハリンの天然ガスをウラジオストックに供給するため、ハバロフスクからウラジオストックのルースキー島をつなぐサハリン—ハバロフスク—ウラジオストック パイプライン（以下、ＳＫＶパイプライン）の建設に着手しています。ウラジオストックでは、ガスはまず発電に利用される予定で、二〇一二年秋のＡＰＥＣ開催に間に合わせるため、二〇一一年九月に第一段階のパイプラインが完成しました。

図4.3.4　ＳＫＶパイプラインのルート図

今回完成したパイプラインは、輸送能力が年間六〇億㎥（ＬＮＧ年間二一七五万トン相当）ですが、後に年間三〇〇億㎥に拡張する計画があり、この拡張によるＬＮＧを含めたガス輸出計画が検討されています。二〇〇九年五月には、プーチン首相が来日し、ウラジオストックにおけるＬＮＧプラント・石油精製工場建設計画における協力の可能性に言及があり、伊藤忠商事、石油資源開発（ＪＡＰＥＸ）が参加してＬＮＧを含めたウラジオストックからの天然ガス輸出に関する調査が実施されることになりました。二〇一一年一月には、日本の資源エネルギー庁とガスプロムとの間で、二〇一一年のプレFEED（基本設計）作業の実施が合意されました。これを受けて、同年四月、日本側は伊藤忠商事、石油資源開発、丸紅、国際石油開発帝石（INPEX）、伊藤忠石油開発（CIECO）が出資する極東ロシアガス事業調査株式会社が、ガスプロムとの間で、ウラジオストク市周辺における天然ガス利用プロジェクトの共同FS（共同事業化調査）実施に関して合意しました。この検討作業は二〇一一年末に完了しました。

二〇一二年三月、ガスプロムは、ウラジオストックLNG設備建設への投資スタディーを二〇一三年第1四半期に準備する計画を表明し、二〇一七—二〇年にかけてがアジア太平洋市場に同プロジェクトのLNGを送り込む好ましいタイミングとみなしていると述べました。

SKVパイプラインの総延長は一八〇〇㎞あり、三つの区間から成り立っています。一つ目はサハリン—コムソモリスクナ区間で、ガスプロムが極東のガス田からのガスを供給する区間です。二つ目はハバロフスク—ウラジオストック区間で、延長一三五〇㎞となっています。三つ目は二〇〇六年に稼動を開始した延長約四七〇㎞のコムソモリスクナーハバロフスク区間で、ＳＫＶパイプラインと接続されることとなっています。

ロシア国営ガス会社ガスプロムは二〇一三年六月、伊藤忠や丸紅など日本の五社と極東ウラジオストクに合弁でＬＮＧ基地を建設することで基本合意しました。一五年にも着工、二〇一八年に稼働し、日本向けにＬＮＧを輸出する計画です。

従来からのロシアの天然ガス輸出は、パイプラインを利用した欧州向けが大半を占めます。従って、ＬＮＧの技術は遅れており、このままでは今後急増すると見込まれる世界のＬＮＧ需要に対応できません。そこでプーチン大統領は二〇一三年二月、ガスプロムが持つガス輸出独占権を自由化しました。ＬＮＧ開発を加速させるねらいからです。ロシアが日本や中国などアジア諸国へＬＮＧの供給拡大を急ぐ背景には、米国産や豪州産との競争に負ければ、急成長するアジア市場を失いかねないとの

液化プロジェクトの概要

レイン数	稼動開始年	輸入国	輸入者	輸入量（万t/年）
未定	2018年	日本？	未定	未定
		韓国？	未定	未定
		中国？	未定	未定

危機感があるからです。

ただし、日本が輸入するロシア産ＬＮＧの価格は、原油価格連動型であるため高いものとなっています。ロシアが危機感を募らせている状況を、日本はガス調達コスト引き下げの好機と捉えるべきです。ＬＮＧ開発協力のカードもちらつかせながら、ロシアとの価格交渉で米シェールガスと競合する価格の設定を主張していくことがＬＮＧ取引交渉を有利に進めることに繋がるでしょう。

アフリカも注目！モザンビークＬＮＧプロジェクト

今後のＬＮＧの大型供給国として脚光を浴びているのが、アフリカ大陸のモザンビークです。天然ガスの埋蔵量は、最大で六〇兆立法フィート(Tcf)と言われています。その規模は、将来はインドネシアやアルジェリアくらいの存在になる可能性を秘めているわけです。

表4.3.3　ウラジオストックLNG

プロジェクト名	参加企業	構成比(%)	生産能力(万t/年)	ト
ウラジオストックLNG	ガスプロム	未定	1,000	
	Far East Gas Co.	未定		
	（伊藤忠商事 JAPEX 丸紅 INPEX 伊藤忠石油開発）			

（出典：各種資料を基に筆者が作成）

この国の天然ガス田は沖合五〇kmのところにあり、比較的陸地に近いので開発がしやすい特徴があります。またモジュール方式で六段階に分けてLNG、LNG輸出施設を順次追加していけるので、プロジェクトのプランが立てやすくなっています。

　また、モザンビークはアフリカ大陸東岸に位置しており、ペルシャ湾のホルムズ海峡などの緊張区域を通らなくても日本へ輸出できるのもメリットのひとつです。

　ガス田はいくつかの鉱区に分けられ、世界の石油・天然ガス

表4.3.4　モザンビーク　エリア1　LNGプロジェクトの概要

鉱区名	モザンビーク共和国沖合い探鉱鉱区エリア1	
	水深0～2,000m、面積10,700km2	
エリア1の権益保有者	アナダルコ・モザンビーク	36.5%
	三井E&P・モザンビーク	20%
	ENH社：モザンビーク国営石油会社	15%
	BPRL モザンビーク（インド）	10%
	Videocon モザンビーク（インド）	10%
	PTT　E&P（タイ）	8.5%
エリア1の生産設備の発注先	・Technip USA. Inc.	
	・Subsea7(US)LLC&Saipem SA	
	・McDermott,Inc.&Allseas UAS Inc.	
	*各発注先より成果物を受領後、実際の開発作業は発注先1社を選定	
対象ガス田	Prosperidadeガス田（推定可採資源量17～30兆cf）	
LNGプラント基本設計の発注先	・日揮& Flour Transworld Service, Inc.	
	・CB&Iと千代田化工	
	・International Bechtel Co.	
	*各発注先より成果物を受領後、実際の開発作業は発注先1社を選定	
生産開始	2018年予定	
LNG生産量	年間2,000万t（当初年間500万t×2系列、追加2系列）	

会社が開発に乗り出しています。そのうち「エリア１」と呼ばれる鉱区は米国のアナダルコ・ペトロリウムが三六・五％、三井物産が二〇％、ＥＮＨ（モザンビーク国営石油会社）が一五％などの権益を持っています。「エリア１」の埋蔵量は一七～三〇Tcfです。

アナダルコ・ペトロリウムは別の鉱区である「エリア４」を開発しているイタリアのＥＮＩと一兆円かけてＬＮＧ基地を建設する意向を発表しました。その一環で、フロント・エンド・エンジニアリング＆デザイン（ＦＥＥＤ）と呼ばれる基本設計を三つの企業連合に発注しました。請負業者の選定は二〇一三年中、最初の生産開始は二〇一八年を予定しています。

第四節　シェールガスが与える日本への影響

福島原発事故以降、変容した日本のエネルギー政策

日本のエネルギー政策を決める「エネルギー基本計画」とは、政府の中長期的なエネルギー政策の方向性を定めるもので、約三年に一回見直しを行っています。エネルギー

政策基本法で政府による策定が義務付けられており、計画は閣議決定され、自治体や電力会社は計画実現に協力する責務があります。

現行のエネルギー基本計画は、二〇一〇年に策定されており、二〇三〇年までに少なくとも一四基以上の原発を新増設するなどの目標を設定しています。しかしながら、二〇一一年に発生した東日本大震災後、当時の民主党政権は「二〇三〇年代の原発稼働ゼロを目指す」と方針転換しました。一方、政権交代した自民党は、民主党の方針をゼロベースから見直すと表明。政府は二〇一四年一月中にエネルギー基本計画の閣議決定を目指していましたが、原発を巡る議論に加え、三つのハードルが立ちはだかっているのが現状です。一つ目は再生可能エネルギーの導入支援の中長期化であり、二つ目はシェールガス革命をふまえた天然ガスの調達改善であり、三つ目は高効率の石炭火力の技術開発です。**※編者註・二〇一四年四月一一日に新たなエネルギー基本計画が閣議決定された。**

原発代替で顕在化する天然ガスシフト

二〇一三年五月、電事連が発表した「電源別発電電力量構成比」は、ＬＮＧ産業界に身を置く人々にとって非常に興味深いデータとなりました。福島第一原子力発電所が、大震災後に発生した津波の襲来を受け発電不能に陥ったことを契機に、全国の原発は定期検査終了後、次々と再稼動停止を余儀なくされ、失われた原発の急場を凌ぐ代替燃料に、ＬＮＧ、石炭、石油があてがわれました。その結果、二〇一二年の電源別発電量は、電源全体に占めるＬＮＧの割合が四二・五％と、原子力を代替したことを如実に物語る結果となったからです。

ＬＮＧの構成比は二〇〇九年度の二九・三％から二〇一二年度四二・五％へと一三・二ポイント伸びました。反面、原子力の構成比は、二九・三％から一・七％へと激減し、これまでにない低水準となりました。また、二〇一一年度の原子力による発電量は一〇一八億ｋＷｈとなり、一九八二年以来の低水準になったのです。二〇一二年度の総発電電力量は九四〇八億ｋＷｈとなり、二〇一一年度の九五五〇億ｋＷｈより一・五％減少しました。

このようにエネルギー需要の中で、天然ガスに重要度が移行する様を、世間では「天然ガスシフト」と呼んでいます。さて、この天然ガスシフトを惹起させている要因は何だとお考えですか？筆者はその可能性があると思われる次の四つの要因を挙げたいと思います。即ち、(一)シェールガス資源量の増大、(二)燃料電池を中心とする水素社会、(三)LNG燃料船の登場、(四)FLNGの技術開発です。それぞれについて追跡してみます。

(一)のシェールガス資源量の増大については、米国エネルギー省エネルギー情報局(EIA)が二〇一三年六月、「技術的に回収可能なシェールオイル及びシェールガス資源:米国を除く四一ヵ国、一三七シェール層に係る評価」というレポートを発表しています。このレポートは、昨今開発が活発化しているシェールオイルの資源量に係る初の評価報告書であり、シェールガスに関しては、二〇一一年四月に発表したレポートを最新情報に更新したものです。二〇一一年発表のレポートと同様、評価対象は、前回の三二ヵ国、四八堆積盆、六九シェール層から、今回は更に四一ヵ国、九五

図4.4.1 三菱重工業のLNG燃料船

堆積盆、一三七シェール層へと拡大しています。報告書の内容については、第二章第四節と第三章第一節に記述していますので、そちらを参照してください。

(二)の燃料電池を中心とする水素社会については、大きく三つの分野での利用が考えられます。一つ目は輸送用としての燃料電池自動車であり、二つ目は家庭用としての定置型燃料電池であり、三つ目は産業・業務用としての定置型燃料電池です。燃料電池自動車の期待される導入台数は二〇二〇年までに五〇〇万台、二〇三〇年までに一五〇〇万台が見込まれています。また、燃料電池自動車の普及には水素ステーションの設置が不可欠ですが、二〇二〇年までに約三五〇〇ヵ所、二〇三〇年までに約八五〇〇ヵ所の設置を想定しています。蛇足ながら水素の供給源に天然ガスの分解改質が有力であることは言うまでもありません。家庭用及び産業・業務用としての定置型燃料電池の普及規模は、二〇二〇年までに一〇〇〇万kW、二〇三〇年までに一二五〇万kWが期待されています。

(三)LNG燃料船の登場に関しては、国際海事機関(IMO)が、バルト海、北海などを大気汚染物質排出規制海域(ECA)に指定しており、同海域を航行する船舶に対し、二〇一五年以降燃料に含まれる硫黄分を〇・一%以下にすること、また、二〇一六年以降に新造される船舶は窒素酸化物(NOx)の排出量を八〇%削減することを求めており、船舶の燃料転換へ向けた動きが世界でスタートしています。わが国においても天然ガス燃料船の早期実用化と導入が必要になってきます。最近では海運会社や造船会社から天然ガス燃料船のコンセプトシップの発表が行われるなどの取り組みが始まりました。

（四）ＦＬＮＧの技術開発についてですが、広義には、洋上におけるＬＮＧの液化設備及び再ガス化設備全般を、狭義には、洋上にて液化・貯蔵・出荷を行うＬＮＧ－ＦＰＳＯ（Floating Production Storage & Offloading System）、または、洋上での再ガス化・貯蔵・出荷を行うＬＮＧ－ＦＳＲＵ（Floating Storage & Regasfication Unit）やＳＲＶ（Shuttle & Regasfication Vessl）を指します。

長期供給契約とスポット市場の形成

世界のＬＮＧ取引は大きく分類して、二つの取引に分類されます。一つは長期契約に基づくものと、もう一つは短期契約あるいはスポット契約に基づくものです。基本的にＬＮＧの買主は、電力会社や都市ガス会社が大半であるため、公益企業の使命である原燃料の安定供給を確保できる長期契約が主流でした。一方で、景気、気候による需要変動に対応するため短期契約及びスポット契約によるLNG取引も生まれてきました。短期契約及びスポット契約とは、通常四年以内の契約を指します。

　図4・4・2は二〇〇八年から二〇一二年までの五年間のLNG取引量の推移を見たものです。二〇一二年の世界のLNG取引量は二億三六三〇万トンと前年の二億四〇八〇万トンと一・九%減少しましたが、スポットまたは短期契約に基づく取引量は全取引の約二五%を占めています。スポット取引の全体に占める割合は、二〇〇八年には一八%程度でしたが、次第に増加して二〇一一年、二〇一二年では二五%程度を占めるようになり、その割合は増える傾向にあります。

　このスポットまたは短期契約に基づく取引量の供給源割合は、二〇一二年においては中東地域が四四%、大西洋地域が四〇%、太平洋地域が一六%でした。最

図4.4.2　LNG取引量の推移

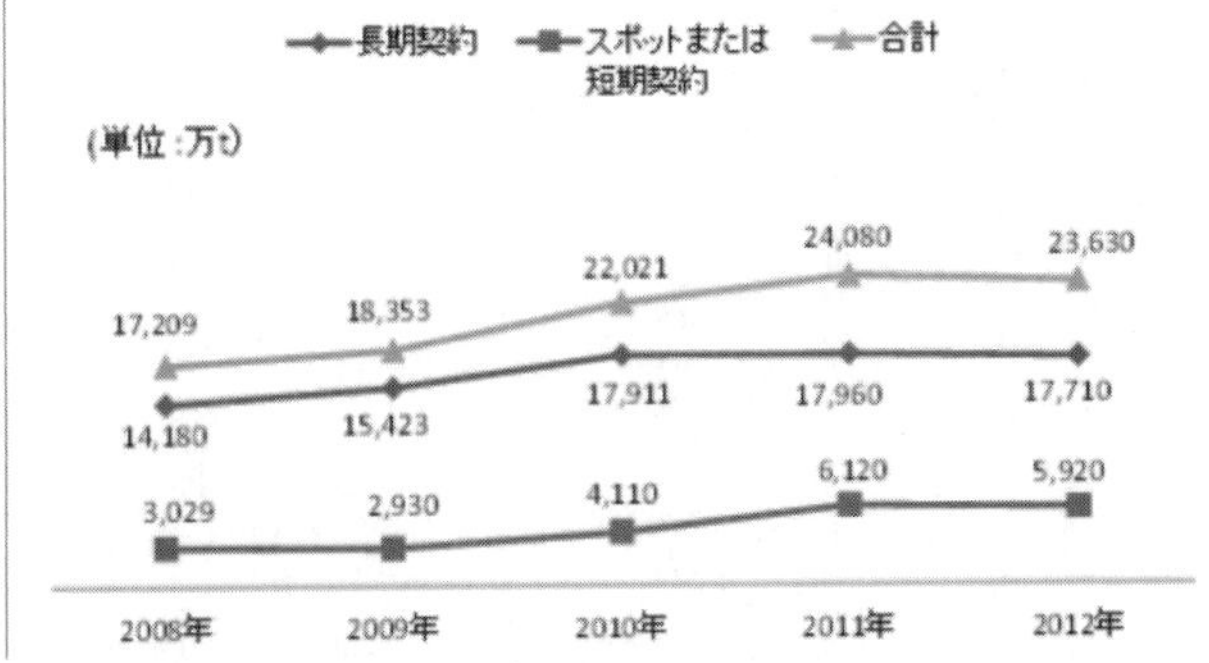

(出典：GIIGNL 2012年版)

大の供給国はカタールで、全体の三五％を占めています。その次がナイジェリア一五％、トリニダード・トバコ九％となっています。

次にスポットまたは短期契約に基づくＬＮＧ受入国ですが、二〇一二年においてはアジア地域が約七〇％を占めています。二〇一一年には六一％でしたから、九％増加しています。欧州の受入量は二〇一一年の約二〇％に対して、一二％と減少しました。南米とメキシコは二〇一一年の八％に対して一二％と増加しました。

再浮上する日本列島縦断パイプライン構想

日本から比較的近距離のロシアのサハリンからパイプラインによる天然ガス輸出構想が、実現性を帯びてきました。従来からのアジア太平洋地域からのＬＮＧ輸入に加え、供給源の多様化、セキュリティ確保の観点からも、欧米のように国際パイプラインによる供給を検討する時期が到来しています。

サハリン天然ガス開発については、日本へパイプラインで輸送しようとする「サハリンＩプロジェクト」と、ＬＮＧに液化して船で輸送しようとする「サハリンⅡプロジェクト」があります。現在のところ、エクソンモービルが主導する「サハリンＩ」は休眠状態であり、一方の「サハリンⅡ」は二〇〇九年に稼働を開始し、日本の多くの公益企業がサハリンLNGを購入しています。

サハリンからのパイプライン建設が実現すれば、日本初の国際天然ガスパイプラインとなり、日本の天然ガス事情に大きなインパクトを与えることになります。サハリンからのパイプライン敷設は、日本にとって次のような意義があると考えられます。(一)サハリンガスの輸入が実現すれば、供給源の多様化を促し、エネルギー・セキュリティの向上に貢献する。(二)競争力のある形でパイプラインガスが日本に輸入されれば、日本の天然ガス価格は低減する可能性がある。(三)パイプラインの沿線上にある北海道、東北地域において、天然ガスの普及拡大が図れる。(四)ガス事業者が所有するパイプラインと連結することにより、パイプラインネットワークの整備と充実が図れる。

しかし、潜在的需要者である日本の電力会社、都市ガス会社には懐疑的な考え方をする人々も多いのです。その背景には、次のような理由が挙げられます。(一)今後の日本の人口は減少傾向にあり、エネルギー需要も鈍化する傾向にある。そのような状況下での大量のガス購入を契約することは、多大なリスクを伴う。(二)日本は既に三一ヵ所のLNG受入基地を所有しており、LNGによる受入インフラは充実している。サハリンからの海底パイプラインのような巨大な投資は、必ずしも必要としない。（三）国境確認問題、パイプライン管轄権問題、海底敷設技術の問題、パイプライン事業主体の問題、漁業権の補償問題など、ロシアとこれまで経験をしたことのない政治的、経済的、技術的問題が存在するのです。

このように賛否両論が存在しますが、アルジェリアから欧州への輸出をみるまでもなく、天然ガス輸送には、最初にＬＮＧが先行し、やがてパイプラインガスが後を追う傾向があることを考えると、サハリンからの天然ガスも現在はＬＮＧが先行し、やがてパイプラインガスの施工を考えてもおかしくはないのです。図４・４・３は北は

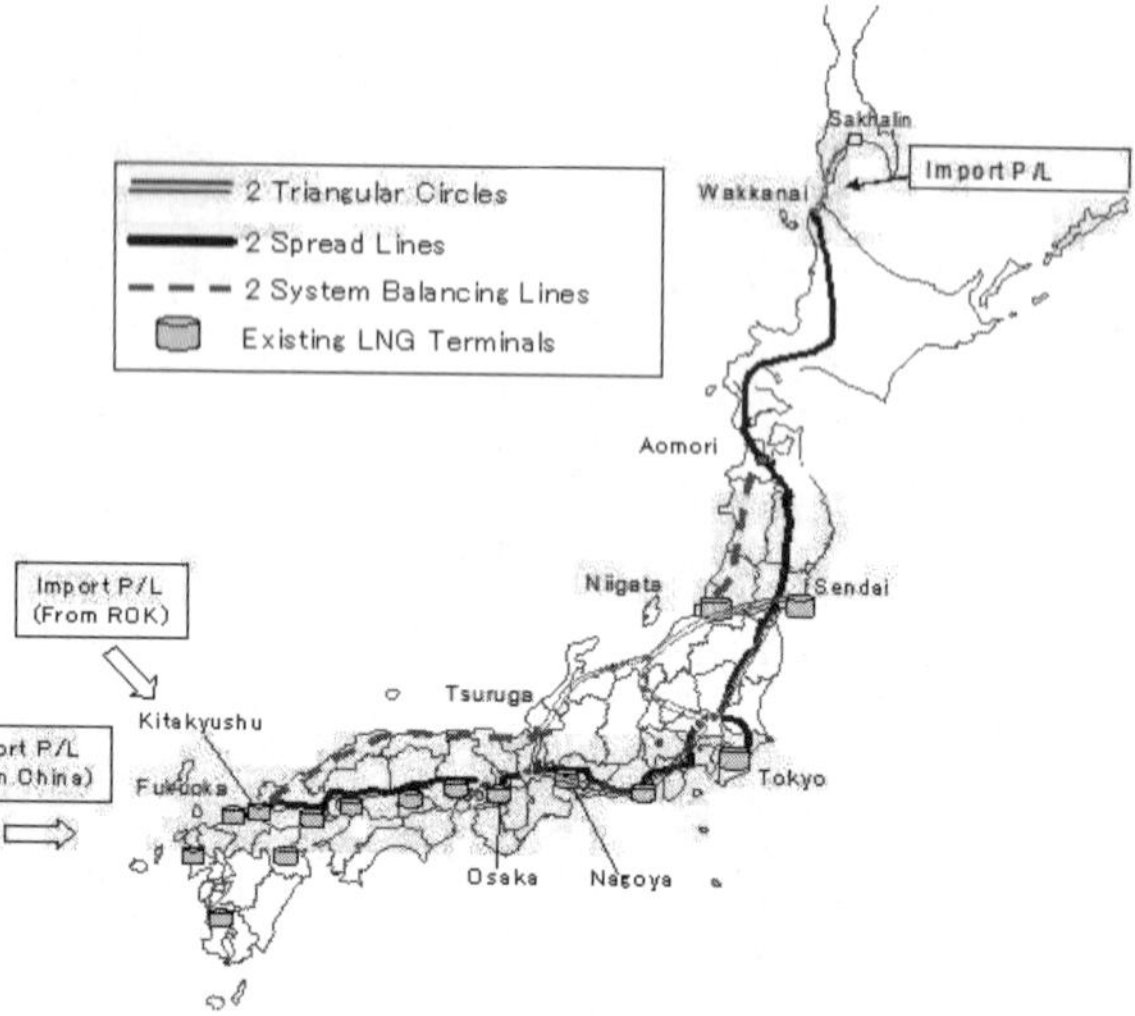

（図4.4.3　日本縦貫パイプライン構想）

サハリンから、西は中国、韓国からガスを導入する場合の日本縦貫パイプラインのルート図を示したものです。

第四章　参考文献

①非在来天然ガスのすべて（日本エネルギー学会、２０１４年5月）
②米ＬＮＧ輸出がエネルギー市場を変える（フォーリンアフェアーズ、２０１３年10月）
③米国テキサス州シェールガス・プロジェクトの参画（大阪ガスプレスリリース、２０１２年６月）
④13年貿易赤字、最大の11・４兆円、燃料輸入額膨らむ（日本経済新聞、２０１４年１月27日）
⑤そこが知りたい（ガスエネルギー新聞、２０１２年10月24日）
⑥成功するか？先物取引の創設（現代メディア社、２０１３年9月18日）
⑦アジアハブ構想とは？（ガスエネルギー新聞、２０１３年7月24日）
⑧天然ガスリファレンス・ブック（石油天然ガス・金属鉱物資源機構、２０１３年版）
⑨米国コーブポイントＬＮＧプロジェクト輸出許可発行について（東京ガスプレスリリ

ース、２０１３年9月12日）
⑩米国キャメロンプロジェクトからの軽質ＬＮＧ購入について（東京電力プレスリリース、２０１３年2月6日）
⑪カナダが4件の輸出申請を承認（ＬＮＧＷＭ、２０１３年12月18日）動き出したアラスカの天然ガス開発（日本エネルギー経済研究所、２０１２年4月6日）
⑫Gasprom Annual Report 2013（ガスプロム、２０１３年6月）
⑬モザンビーク天然ガス開発事業（三井物産プレスリリース、２０１２年12月21日）
⑭エネルギー基本計画「天然ガス高度利用」盛る（ガスエネルギー新聞、２０１３年12月16日）

第五章　シェール革命に〝陰〟の囁きも

第一節　シェールガスの栄華は数十年も続かない？

意外と大きいシェールガス生産井の減退率とガス井戸の短い回収期間

石油開発工学で特に「油層工学」を専門とする著者の眼には、過去五年間の米国シェールガス生産挙動を眺めて「忍び寄る逆風の陰」が気に懸るのです。米国エネルギー省のEIAのエネルギー見通し年鑑二〇一二年版に掲載された図5-1で代表的なシェールガス田のガス井生産量の履歴や生産量の下降率（減退率）が明らかにされました。すなわち（一）ルイジアナ州のヘインズビル、（二）テキサス州のイーグルフォード、（三）オクラホマ州のウッドフォード、（四）米国北東部のマーセラス、（五）アーカンソー州のファイエットビルなど、どのシェールガス田も例外なくガス井戸の生産レートが急スピードで衰退しています。よく見ると初期生産量の大きいシェールガス田ほど下降率が大きいのです。これこそ非在来型ガス資源の特性なのです。

筆者が訪ねたマーセラスのRRC社での見聞では、同社が二〇〇九～二〇一〇年に仕上げた一〇三坑井の平均値では一坑当たりのEUR（推定究極回収量）は平均五七億立方フィート（ｃｆ）程度です。その内訳はドライガス四〇億ｃｆとＮＧＬ油分が二八・一万バレルです。井戸元ウエットガスの初日産は四〇〇百万立法フィートすなわち一坑井当たり日量約一一万m^3も産出しますが、そのレートが三カ月後に約六〇％に減退、また一年後には約三〇％に減退しているのが現実です。

一方、長い生産実績を誇るバーネットシェールでも同様で、平均的井戸の一年目の減退率は六五～七〇％、五年間にその井戸の推定究極回収量の七〇～九〇％が回収済みとなり、その後は低レートの非効率生産となるので操業費をカバー出来なければ休止せざるを得ないのです。なるほどシェールガス開発鉱区のリース期間が五年と短いことがこれで合点します。それゆえに一掘削基地（パッド）から掘削し

図 5-1 シェールガス井戸の生産レートの減退率は意外に大きいのだ！

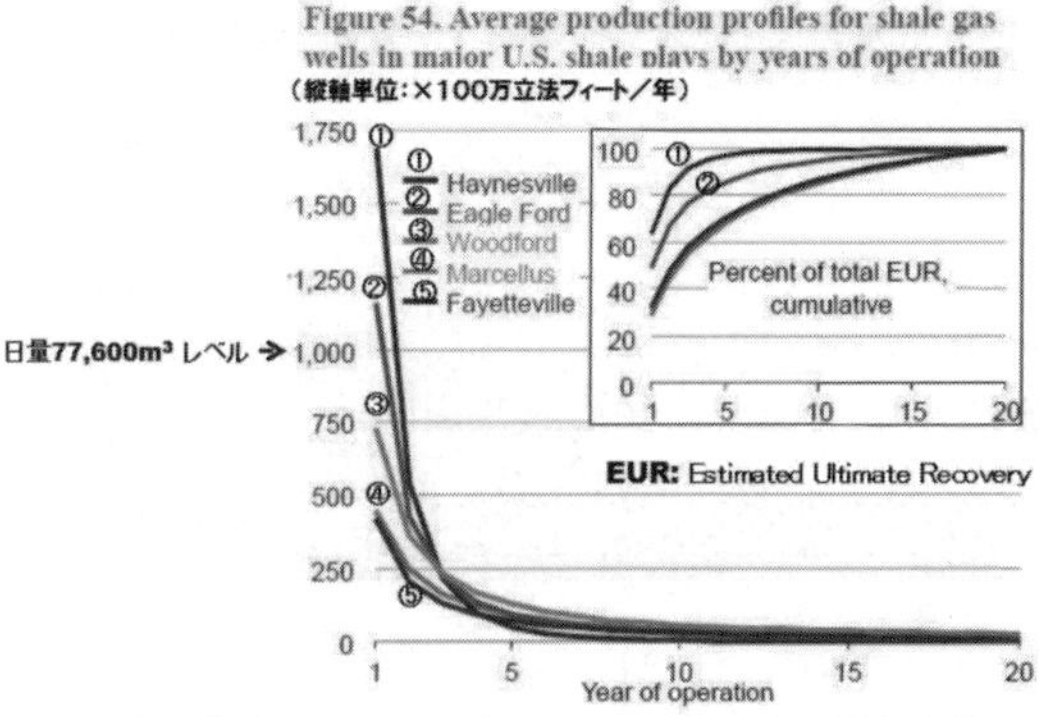

出典：米国エネルギー省(DOE/EIA) Annual Energy Outlook 2012 (June 2012)、エネルギー見通し年鑑2012年(pp.59)

ておいた一〇坑前後の水平坑井を、目標の商業生産量維持のために次々に生産ラインに追加しなければならないことも合点がいきます。要は大地の深部に次々に莫大な数のシェールガス井をモグラの穴のように掘り続けなければならないわけです。

もしもヘンリーハブガス価格が三〜四ドル／百万ＢＴＵと低位のレベルが続くと、開発会社は採算をとるために、ガス井戸より高く売れる随伴オイルが出るウエットガス井戸や、バッケン タイトオイル井の掘削に投資が加速するわけです。図５‐２に示されるように、ノースダコダ州のバッケン層のタイトオイル生産量は二〇〇九年一月には日量二三万バレル程度でしたが、ここでも生産量の減退は激しく生産井を次々に加えていき、二〇一三年末には約六七〇〇本の生産井から日量八〇〇万バレルを超えていま

図 5-2　バッケンのタイトオイル井の生産量減退も激しい
〜数多くの井戸を重ね合わせて生産量の維持を図っている〜

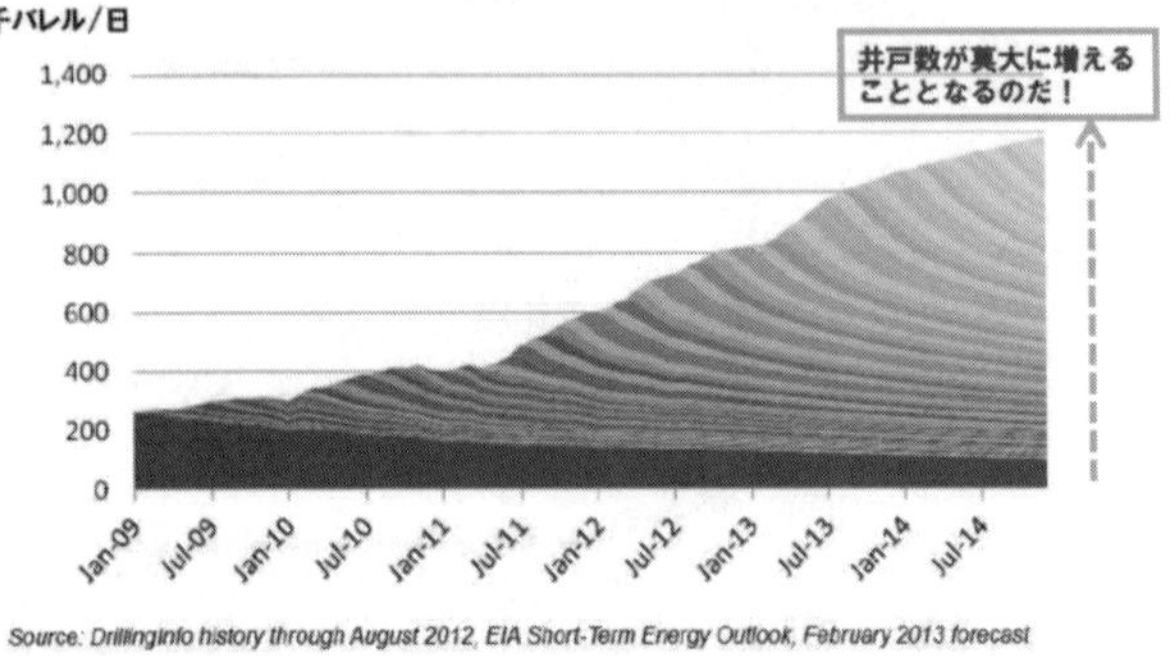

Source: Drillinginfo history through August 2012, EIA Short-Term Energy Outlook, February 2013 forecast

す。しかも、いずれも水平掘りで多段ステージの水圧破砕が施されているのです。図ではその後に掘る井戸数を増やし二〇一四年までには日量約一二〇万バレルの生産量を目指していることを表しています。こうした地球から極限まで油をしぼり採る暴挙がいつまで許されるのかと思わざるを得ません。

昨年、二〇一三年四月二日にシェールガス開発会社のGMX Resourcesがオクラホマ州裁判所に破産申請したとのニュースが業界に流れました。真相はガス価格下落により投資を回収できず経営破綻したのです。負債総額は四・五九億ドル(約四二八億円)に及び、ニューヨーク証券取引所で上場廃止となったそうです。この様な不運な倒産会社が今後続出しないとも限りません。

井戸数急増が起こす!廃水処理、化学汚染、そして環境問題の禍

シェールガス開発現場では、地域環境への悪影響もいろいろあります。例えば、(一)フラクチャリングに大量の清水を使うことへの懸念、(二)坑井フラッキング後のフローバック廃水処理が、時間、量的に限界に陥る可能性、(三)生産廃水中の高濃度塩分やミネラルイオンの分離処理時間が間に合わない恐れ、(四)フラクチャリングや廃水圧入井

戸による誘発地震の恐れに対する近隣住民の苦情、（五）フラック液に含まれる化学薬剤添加物の薬害、（六）生産井の増加による坑井仕上げのセメンチング不備などが原因で飲料用地下水が汚染される懸念、（七）機材輸送車や発電用ディーゼルエンジンの排ガスが地球温暖化ガス規制に抵触する恐れ、（八）ベンゼン、トルエン、エチルベンゼン、キシレンなど（ＢＴＥＸ）の有機化学有毒液のリーク、（九）騒音、悪臭、交通量増大による近隣住民への公害、（一〇）ペットや家畜、牧場動植物への騒音による悪影響などが挙げられています。今後、シェールガス生産量がこの勢いで増えてゆけば、徐々に操業現場に対する近隣住民の不満が増す懸念がありましょう。

シェールガス開発に必須となっている大規模な水圧破砕の実施件数が年々急増することで、廃水処理、廃棄泥などのスラッジ回収や圧入水のリサイクリング、砂再生や添加薬剤の処分など様々な環境問題が全米で問題化する心配も拭えません。水圧破砕法の添加化学薬品の安全性（逆に言えば毒性）については、サービスコントラクターは詳細について企業秘密として隠しており、なかなか真実を知りえないのですが、最近は操業日誌や使用資機材の名前、使用量を所轄官庁へ報告することが厳しく義務付けられています。表５‐１にはＲＲＣ社から入手したシェールガス井での一事例として、水圧破砕（フラッキング）の使用水量、化学薬剤添加物、砂の量などのデータを操業日誌から拾い一覧しました。

一方で、ハリバートンやFrac.Techといった水圧破砕サービス会社でも政府の環境規制を受けて環境を害しない〝グリーン添加物〟の新規開発が進み、成果もあらわれてきました。米当局がCFR21（Title 21 Code of Federal Regulations-連邦規則集）に登録している環境に優しい化学薬品を使うことを義務付けたものです。

例えば、ハリバートンは二〇一一年から、新たに発明した「クリーンシステムサービス」を、三九坑井に計四一四フラックステージで実施し効果が認められました。これは、従来のグアガムやホウ酸塩に代わり、食品産業から供給され

ハイドロフラクチャリング坑井仕上げデータ
（2011年11月 RANGE RESOURCES社より筆者が入手）

会社：Range Resources-Appalachia, LCC　サービス会社：①Frac. Tech社、②Multi－Chem社
鉱区：Texas Fort Worth, Lycoming county,　Well Farm Name: Shohocken Hunt Club Unit
Well #: API#37 -081-20229-1H 坑井、　Drainage Acres: 200 エーカー
surface water sources:　4 points total ……　3,152,230ガロン　（11,920kl,　94%）
recycled water used:　…………………　206,173ガロン　（　780kl,　6%）
水使用量:　Total water used　…………………　3,358,403ガロン　（12,700kl. 100%）
計測深度：3,690m-3,627m （63m）
水平坑の perforation record:　計　10区間、①12,300 '～12,090'（区間210ft）：105ftを離して②を、次々と開孔して　最後は⑩　9,465 '～ 9,255'（210ft）
水圧破砕圧入水の添加物（化学薬剤、一部猛毒取扱注意*）：……additive全体で0.15vol%に過ぎない。
(1) FR200W: 0.0223%　＋　(2) MX588-2: 0.0068% ＋　(3) NE100: 0.006% ＋
(4) FE100L:0.0016%　＋　(5) 37%HCL acid *：0.092% ＋ (6) Methanol：0.001% ＋
(7) Propargyl Alchol:0.0005% ＋　(8) BCM B-8650 (Glutaraldehyde)：0.0036% ＋
(9) CS1135 (4.4-Dimethyloxazolidine)：0.015%　＋ 他微量
プロパント（100mesh/30-50meshサイズの砂粒）を各フラック圧入毎、ごとに約100トンも使用する。
1坑井当たり1,100トンもの大量の上質な砂が消える。
1回のフラックでは Vol.%で約1,340kl（94.73%の水と5.12%の砂と0.15%の化学薬剤）の混合液を毎分70バレルのスピードで、高速圧入し坑底圧力をシェール岩のブレークダウン圧力の650気圧まで高める。その後井戸を密閉し、坑口圧力が470気圧（70%程度）まで降下したら、フラクチャー完成である。

表 5−1　水圧破砕（フラッキング）の圧入液の処方箋事例

る有機エステルや多糖ポリマーなどで作ったゲル状液を活用しプロバンド（支持材の砂）を運ぶ事業で、環境を害さない優れた運搬能力をもつものです。

また、同年から水処理再利用の「クリーンウェーブサービス」も始めています。わが国は、化学原料をシェールガス開発に提供するだけではなく、日本の環境技術サービス企業が貢献できるようなビジネスチャンスを模索すべきです。専門家を現場に派遣しシェールガス開発による環境破壊を最小化するために、産官学一体による技術協力の用意があることを米国業界に打診すべきでしょう。タイムリーにも一般財団法人エンジニアリング協会は、昨年調査分科会を組み、平成二五年度の調査事業として「シェールガス環境影響調査報告書」を発表しましたので、参照を薦めます。

未然に環境問題に対処するための米企業の取り組みも進んでいます。前述のRRC社は二〇〇八年に「Marcellus Shale Coalition」という組織を設置。操業会社が環境保全に率先して注意を払い、地域社会と共存共栄出来る「社会受容性」(Public Acceptance)や、企業の「社会的責任」（CSR）をふまえ、地域の啓発活動に真剣に取り組んでいます。その証として〝クリーンな燃料・シェールガスを開発利用することにより地域の産業経済の発展に貢献することを誓う〟と地域に宣誓しているのです。

また、米国内のメジャー以外の独立系シェールガス開発会社三〇社(図5‐3）の企業ロゴを参照)が結成する企業同盟（ANGA：American Natural Gas Alliance）も地域社会に同様の宣誓を行っています。環境問題に配慮し理論武装を怠らない企業の姿勢も、米国ならでのスマートさでありましょう。

筆者は、シェールガス開発は、世界で一番長い石油・ガス開発企業の歴史を有しエネルギー・ジオポリティックスの経験と技術伝承を持つ米国のみに許された一過性の魔術だと思うのです。北米・欧州以外の国々には、パイプラインはほとんど敷設されておらず、これらの建設には膨大な投資を必要とします。また高度な水平掘り仕上げ技術や最先端フラクチャリングサー

図 5-3 シェールガス開発優良会社の企業同盟
（2011年に EOG Resourcesが加わり30社となる。）

ビスなどの請負業者も存在しません。海外から請負業者を連れてきても、おそらく二番煎じのサービスコントラクターで米国内の技術レベルから遥かに劣るでしょう。さらには、シェール開発に必要な大量の圧入水や砂の調達、シェールガス需要を賄う市場が近くに存在するかといった問題もあります。これらを勘案するとシェールの採掘コストは計り知れない高額になるに違いありません。シェール革命は一五〇年余りの石油開発の歴史を持つ米国だからこそ起こり得た僥倖だったのかもしれません。

半世紀近くたしなんだ石油開発工学の歴史と常識から言えることは、どんなに技術が進歩しても、非在来型資源が在来型資源を凌駕することはあり得ないことです。それは、エントロピー増大の法則に反するからです。希薄なエネルギーから濃縮されたエネルギーを取り出すには、大量のエネルギーが必要だからです。お金の投資効率から見ても、エネルギーの投資効率から見てもあり得ないことなのです。ですから、第二章第三節に掲載した米国石油省ＥＩＡが発表した二〇四〇年までのシェールガス生産量の将来見通し（図２-８）のように、現在の年間七・八五 Tcf から三〇年後に二一・一倍の一六・五 Tcf までシェールガス生産が膨らまないことも十分考えられるのです。私見ではこのシェールガスの栄華が三〇年も続くとは考えられません。つまり、近い将来にピークに到達しその後は急速にシェールガス生産が衰退するシナリオも十分あり得ることに留意すべきでしょう。シェールガスのように非在来型で質の悪い資源ほどピークが早まり、減退率も大きいことを肝に銘じるべきです。

しかしながら当面、米国の低廉な天然ガス生産量が増えることは、わが国にとって良い波及効果を期待出来るのも事実です。とはいえ、我々、資源輸入国はもうしばらく沈着に動向を分析し最適な対処を行う必要があるでしょう。二一世紀に北米のエネルギー業界で天然ガスシフトが起こったことは動かせぬトレンドです。ただし、それは「シェールガス革命」をトリガーに始まった新たな動きの序章に過ぎないのかもしれません。

原油高を背景に、タイトオイルやシェールオイル開発に加え、在来型油田のEOR／IOR回収プロジェクトによる重質原油開発、高度改質精製技術が進むことが予想され、さらに石炭ガス化の高度技術へと伝播。やがては水素エネルギー利用への橋渡しとなることを暗示しているように思われるからです。これらを実現するためにも、二一世紀のグローバルな資源・エネルギー事業は、石油開発と石油精製、さらに石油化学業界が手を組んだ一貫操業プロジェクトスキームで取り組む時代が訪れていると確信しています。

現代社会はエネルギー文明であり、依然として石油が主役です。なぜなら石油は陸・

海・空の輸送にはなくてはならない燃料で、石炭や天然ガスでは石油のすべてを代替出来ないからです。石油化学産業はもとより、農業にも漁業にも石油は欠かせない存在です。ですから原油の高騰は大げさではなく文明の崩壊に繋がりかねないのです。エネルギーの高騰と未来からの借金（＝国債）が経済破綻の引き金となって、現代文明が崩壊することを筆者は危惧しています。現代文明の崩壊は「環境派」が考えているようなロマンティックな「環境破壊」でもなく、一部の人が言っているような古典的な「食料危機」でもありません。「もったいない」だけではすまされない国の経済破綻＝国にお金がなくなるという身も蓋もない現実だということを、近年のギリシャやスペインの経済危機が教えてくれました。エネルギー問題の本質を知らず現場体験がない産官学の「為政者」が委員会の審議で思案している間に、わが国“日本”にも、いつ火の手が上がるか判らないのです。

中東回帰！残存する重質原油をＥＯＲと革新的シェール開発技術で

ここでは、シェール革命の危機をカバーすることが期待されている在来型重質油開発の可能性について言及したいと思います。

在来型回収法（conventional oil recovery）と呼ばれる一次回収（自噴採油、ガスリフト採油とポンプ採油）や二次回収（水攻法やガス圧入）による回収率は三〇～四〇％前後なので、油層中には原始埋蔵量（既発見総資源量）の六〇～七〇％の原油が採り残されています。そこでさらに新規設備投資を行い回収率を向上させる三次回収をＥＯＲ（Enhanced Oil Recovery＝増進回収技術）と呼びます。

具体的なＥＯＲ手法として代表的な技術は、（Ａ）油層に熱を加えることにより原油の粘性を低下させて流動性を起こさせる熱攻法があり、このうち▽水蒸気攻法や▽スチームソーク法、▽火攻法、▽電磁波加熱法は重質油田に採用されます。（Ｂ）油層に炭酸ガスまたはＬＰガスを圧入して原油に溶け込ませ粘性を降下させ、同時に界面張力も低下させるミシブル攻法として▽炭化水素ガス（ＬＰＧを含む）ミシブル攻法や▽炭酸ガスミシブル攻法などがあります。これはＣＯ$_2$の地中廃棄を併用できる一石二鳥の便法として注目されています。あるいは（Ｃ）石油系化学薬剤（いわば高級洗剤）を油層に注入し、原油と地層水の界面張力を低下させ孔隙空間にトラップされた残油を回収する▽界面活性剤攻法や▽フォーム（気泡）攻法、▽ポリマー攻法や▽マイセラーポリマー攻法、▽アルカリ攻法などのケミカル攻法などがあります。このようにＥＯＲは地殻内の高温高圧下での化学反応を利用してより多くの石油、ガスを地上に回収しようとする究極の業であり化学業界の協力が必須です。

一方、ＩＯＲ（Improved Oil Recovery、改良型採収法）と呼ばれる採収技術は、従来の一・二次採収操業の延長線上において、ほぼ償却済みの既存の生産基地を利用するものです。ＥＯＲ手法のような高額な大型新規投資を避けて、既存井戸や施設を有効利用し、限られた経費の範囲で早期に生産量や埋蔵量を増進させることが特徴で、高いキャッシュフローを得る効率的な油田開発システムです。ＩＯＲの具体的手法としては、（一）Infill Well Drilling などの坑井配置の変更、（二）水平仕上げに坑井改修や大偏距掘削井の追加、（三）坑井酸処理刺激法やハイドロフラクチャリング、（四）高機能ラテラル坑井インテリジェント仕上げ手法へ変更、（五）地表における処理施設の能力増強と高効率化、（六）坑井流動条件の緩和（坑底電動ポンプ、ガスリフト、人工採油法、フローライン最適化）、（七）高精度坑井検層とマイクロサイスミック検層（八）高精度油層シミュレータによる油層管理の効率化などが汎用されています。

近年、シェールガス開発に広範に採用され効果を発揮した新技術は、実は前記の（二）長距離区間水平坑仕上げと（三）多段階ハイドロフラクチャリング、（七）マイクロサイズミックモニタリングの併用によるもので、まさにこのＩＯＲ技術の進化事例だったのです。

ところで、二〇一〇年現在ではＥＯＲは米国、ベネズエラ、カナダなど世界一〇カ国で実施されており、その生産量の合計は日量約一七九・二万バレルと五年前の二〇〇六年の日量一七六万バレルとほぼ同じレベルです。これは二〇一〇年の世界全体の原油生産量である日量約七〇八〇万バレルの二・五％に過ぎません。また、生産量のほとんどが水蒸気攻法による重質原油回収なのです。おそらく油価高騰がもたらした巨額の投資資金は、ハイコストハイリターンの大水深開発油・ガス田探鉱やシェールガス開発に優先的に投入されたものと考えられます。

注目すべきは、近年二〇〇六年以降に中東産油国におけるＥＯＲのスクリーニング及びパイロットテスト

表5-2　中東産油国におけるEORパイロットテストの試み（2010現在）

国名	フィールド名	EOR手法	概要
オマーン	Amal West and East	Thermal	2007年にパイロットを実施し、フルスケールのスチーム圧入を実施予定
	Harweel	Miscible Gas	サワーガスの再圧入、2010年
	Qarn Alam	Thermal	Steam Assisted Gas-Oil Gravity Drainage (SAGOGD)、2011年
	Mukhaizna	Thermal	SAGD、2008年
	Marmul	Polymer	1980年代からパイロット実施
UAE	Northeast Bab's Rumaitha	CO2 EOR	中東で初のCO_2 EORパイロット (SPE 142665)
クウェート	Wafra	Thermal	スチーム圧入パイロット、2006年
サウジアラビア	Ghawar	CO2 EOR	CO_2 EOR デモンストレーション・プロジェクトを2013年から実施予定

注）中東産油国の油田は未だ一次回収または二次回収へ移行するかどうかという段階でEORに関しては時期尚早と思われるが、各国でEORに関するスクリーニング、パイロットテストは実施されている。

に関する論文が多数発表され始めたことです。表5-2で分かるように中東地域でパイロットテスト段階のプロジェクトが五件、商業化されたプロジェクトが六件報告されています。特に二〇一一年にBasry他がSPEに発表したアラブ首長国連邦（UAE）では中東初のCO_2-EORパイロットテストを、サウジアラビアでもCO_2-EORのデモンストレーション・プロジェクトを実施する予定になっており、そろそろ中東油田にもEOR投資を歓迎する「中東回帰」の足音が聞こえるようです。

図5-4にIEAがWorld Energy Outlookの二〇〇五年版と二〇〇九年版に発表した各種の石油回収技術による回収可能量を横軸に、生産コストの推定幅を縦軸に示し、比較してみました。二〇〇四年に一バレルあたり二〇～五〇ドルの幅と推定されたEOR生産コ

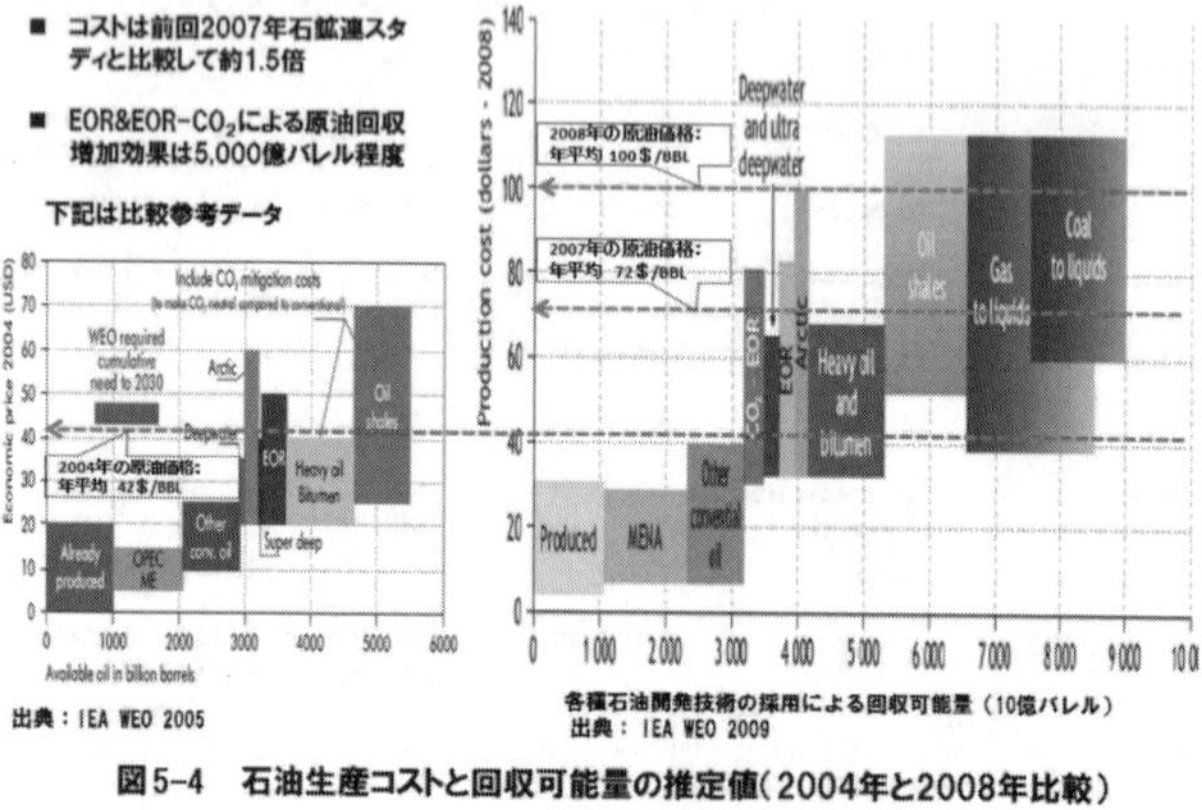

図5-4　石油生産コストと回収可能量の推定値（2004年と2008年比較）

ストは二〇〇八年では三〇～八〇ドルに五割近く上昇しています。将来は油価のさらなる上昇によりハイコストのEOR／IOR技術が汎用され、中東産油国にも伝播してゆくでしょう。

EOR回収の可能性が高い事例には、クウェートの重質油田群があります。例えば、**Lower Fars**層の**Ratqa**油田の深度六〇〇～一〇〇〇フィートの**Miocene**に存在する砂岩層に埋蔵されるAPI一八～一二度の重質原油です。試・探掘井一〇坑で原始埋蔵量は約九〇億バレルと推定されています。

かってクウェート政府は、日量七〇万バレルの生産を目指し、水蒸気圧入法によるEOR計画を提案したエクソンモービルと交渉しましたが物別れに終わった経緯がありま す。ところが、現在は油価が高止まりし、非在来型資源の革新的技術も進化。環境対策技術も向上しています。こうした変化をふまえ総合商社やメジャー、日本の上下流企業、エンジニアリング会社がコンソーシアムを組み同国での重質油開発・生産事業のビジネスモデルを再検討する時期に入ったと思います。クウェートでは日量一〇万バレル程度の上流開発利権は憲法上認められないので、ETSA（**Engineering&Technical Service Agreement**）方式を要請されることが予想されます。重質原油をAPI三〇度の軽質油に改質する専用デイレイドコーカータイプのUP-Graderを採用。副生物のコークスを利用した発電所建設・運営に関するジョイントベンチャー（ＪＶ）締結、環境対策などを一五年パッケージディールで締結するなどアイデアが考えられます。こうした考えをわが国成長戦略の「第三の矢」と考えたらいかがでしょう。

かつてのアラビア石油を通じたクウェート政府との五〇年近いつきあいの経験で言えば、同政府が望む化学工学の先端技術導入にむけ検討を行うべきです。既存油田の底部油水界面ゾーン（Residual Oil Zone）に取り残された膨大な重質原油も要注目です。油価高騰で採算が合うようになり、ＥＯＲ＆ＣＣＳプロジェクトの対象として注視されるでしょう。

対立から共存共栄、鍵を握るアジア資源革命

わが国は石油、天然ガス資源に恵まれていないと言われますが、実は、一八五九年（安政六年）、米国のペンシルバニア州で世界初の機械掘りのドレーク井が出油した一〇数年後に、長野県の石坂周造と言う篤志家が一八七三年（明治六年）に米国から掘削装置を輸入して長野県善光寺と新潟県尼瀬（あまぜ）の地で石油採掘が行われていたことはあ

まり知られていません。因みに石油技術協会という学会が一九三三年（昭和八年）に東京大学伊木常誠教授を初代会長として設立され現在に至り、八〇年以上になります。日本の石油開発技術発祥の歴史は世界的には決して遅れていなかったのです。しかし、残念ながらわが国土が石油資源量に恵まれなかったことも事実でした。

ここでわが国の石油・天然ガス資源の生産量と埋蔵量の現状を眺めてみましょう。天然ガス鉱業会の統計によると、二〇一二年度のわが国の原油輸入量は二億一一〇三万kl、石油製品の純輸入量は一四一七万klの規模＝輸入三八九二万kl－輸出二四七五万klでした。同年度の国産の原油生産量は七五・九万kl（日量約一万三〇〇〇バレル）で日本の国産原油自給率は〇・三六％と微々たる量なのです。

一方、わが国の天然ガス消費量は二〇一二年度には約一二〇二億㎥、即ち四・二四Tcfの規模で、この内訳は輸入LNGが八四八三万トン＝約一一六九・八億㎥、国内産出の天然ガス生産量が三一・七八億㎥ですので、天然ガスの自給率は二・六四％と原油の七倍ほどの水準になります。国産天然ガス生産量を熱量等価の原油量に換算すると日量五万六八七〇バレルですので、わが国ではガス生産量は原油生産量の四・四倍であり、日本の国土は天然ガス資源により恵まれていると言えます。

同年度末のわが国の残存埋蔵量は原油七九七万kl（約五〇一二万バレル）でR／P可採年は一〇・五年となります。過去の累計生産油量は五九六七万klですので、総発見資源量の八八％を取り尽くしたことになります。また、天然ガスについては、残存埋蔵量は四〇一億㎥でR／P可採年は一四・九年と原油よりは長く、ガスの累計生産油量は一二九六億㎥ですので、総発見資源量の七六％を取り尽くした段階となります。

結論は明らかです。わが国の陸上はほぼ探鉱が終わり採り尽しており、今後は日本周辺の海洋に向かい探掘を行う必要があります。また低い自給率が示す通り、わが国は海外の石油・天然資源の調達に依存せざるを得ない。今後も石油開発技術の伝承と温故知新の精神のもと若い世代を育成することは極めて重要です。日本の国土面積は約三八万㎢（世界六一位）と狭いのですが、領海や排他的経済水域（ＥＥＺ）は国土面積の約一二倍の約四四七万㎢と広大です。離島の数は六八四七ヵ所もある海洋大国なのです。ですから日本周辺海域の海洋資源、例えば、石油、天然ガス資源はもとよりメタンハイドレートや海底熱水鉱床、コバルトリッチクラフト及びマンガン団塊、サヌカイト（銅、鉛、亜鉛の硫化物）、レアアースを含む海底堆積物の可能性を探掘するため、政府が積極的に探査資金を助成しなければなりません。

私の抱いている夢は、「日本海の海底に眠っているに違いない金銀財宝の探鉱・開発」です。日本海の面積はあの石油・天然ガス資源の宝庫となった「北海」の面積の一・五倍の広さがあり、北海の平均水深八〇〇mに対し一三〇〇mと深く、最近では「大王いか」を捕獲したほどの深海です。歴史を振り返れば太平洋戦争の終戦以来七〇年間、日本海を囲むわが国と韓国、北朝鮮そして東方ロシアの四カ国が互いに牽制し、いがみ合う紛争の海でした。石油危機後の資源不足の時期でも、四カ国による資源探査のチャンスが全く無く二一世紀を迎えてしまったのです。

ご承知の通り、二一世紀はじめの一〇年間に原油価格が二五ドルレベルから四倍の高騰を呼び、このため北米では「シェールガス革命」を誘引しています。エネルギー・資源価格の高騰は革新的技術の実用化を加速、ブラジル、西アフリカのように水深二〇〇〇m級の深海石油開発があたりまえとなっています。今までノータッチであった日本海海底に眠る未知なる資源を探査、採掘する好機が到来したと信じて疑わないのです。

日本海の成因は、「メキシコ湾が隕石で出来上がった頃と同じ時代の六〇〇〇万年前に、巨大隕石がアジアの東端に落下し日本列島をアジア大陸と分断し出来上がった湖」との説もあります。気になるのは、水深二〇〇〇mという日本海の中央になんと水深二〇〇

mの浅瀬の「大和堆」や、北方海域の北海道とロシア沿海州に挟まれる海域にも浅瀬の「武蔵堆」が存在する事実です。これは地殻深部から密度の低い岩塩ドームが突き上げた可能性を示唆します。思えば一九〇〇年に有名なテキサス州の石油ラッシュの発端となったスピンドルトップの石油の大暴噴は岩塩ドームのつばの周りに貯留した莫大な量の油でした。隕石説が真実なら、石油・ガスの無機成因説に基づく「地球深層ガス」の可能性すら脚光を浴びる可能性があります。メタンハイドレートの資源化・商業化と同様に無資源国の日本はリーダーシップをとって、この「東アジア海洋資源開発パラダイム構想」に取り組むべきではないでしょうか。

資源は、本来人類が作り出したものではなく宇宙の天命により作られた恵みで、有限で枯渇するものです。そのため関係国共通の財産と考えるべきです。一方で、資源を人類の社会・産業に役立てるための技術は人間が作り出すものであり、それには無限の可能性を秘めています。政治や国家の境界線、資源の権利や経済取引の思惑、エゴが先行すれば、海底の資源はいつまでたっても闇の中です。愚かな事ではありませんか。

仮に二〇三〇年頃を東アジアの国際情勢が安定化する年と見定め、二一世紀の天然ガス供給、海底鉱物資源、海産物そして観光資源として期待される日本海を囲む四カ国の平和と友好の証として海洋開発国際協力プロジェクトを立ち上げたらいかがでしょう！すなわち日本海を取り巻く日本、韓国、ロシア、北朝鮮の四カ国の科学技術所管官庁、大学院研究室、国立研究所及び民間調査機関から選ばれた学術、技術分野の専門家により構成する国際技術協力機関、例えば「日本海開発技術研究センター（仮称）」の設立を提案したいと思っています。先ず、最初の目的事業は水深二〇〇ｍの浅瀬の「大和堆」に深度六〇〇〇ｍぐらいの試掘探査井をわが国の掘削船「ちきゅう」を使い掘ることです。

この構想は学術有識者と技術専門家、法務、経済専門家で構成される超国家組織とし、業務は（一）対象域の海洋資源調査、（二）海洋開発技術の研究開発、（三）加盟国の技術移転と資器材の融通、（四）資源量の評価とデータ管理（ＣＯＤＡＴＡ）、（五）資源の最大効率的採取、（六）その他、関係国への公正なる分配の法整備などジオポリティックス課題に取り組みます。東アジア諸国が共存・共栄を目指して結びつける組織となるでありましょう。

図5-5 日本海海底地形図

日本海はまさしく6000万年前巨大隕石が作った湖であった。

第二節　ジオポリティックスと経済から見たシェールガスの危うさ

ウクライナ情勢、価格そして環境問題、シェールを巡る危機

これまでシェールガス革命によって米国を中心に日本も含めてその恩恵にあずかり、経済が活性化するポジティブな面を記述してきました。しかしながら、将来を見渡す時、必ずしもポジティブな側面ばかりではなく、不確実性、不透明性な側面が存在することも記しておかなければなりません。ジオポリティックスと経済から見たシェールガスの危うさがあるのです。

二〇一四年二月末、ウクライナ危機に端を発したクリミア半島編入問題は、ロシアと欧米に陣営を大きく分断させてしまいました。そして、クリミア半島編入を目指すロシアが、編入に反対するウクライナや欧州への天然ガス供給を止めるとの懸念が強まり、ロシア依存の弱みが露呈しました。欧州各国からは、シェールガス増産に沸く米国からの輸出を求める声が相次いでいます。

一方、米国内では天然ガス輸出でウクライナを支援する案が浮上しています。もし、

欧米がロシアからの輸入制限を設けたりすると、天然ガス輸入の一割強をロシアに頼る日本は、サハリン2からの輸入に多大な影響を受けることになります。

次に留意しておきたい点は、シェールガスが持つ「価格」と「環境」についてです。北米では、シェールガスの生産量が大きく落ち込んでいるわけでもないのに、ガスを掘り出す機械の稼働数が減っているのです。今年に入ってからは半年間で二割ほど落ち込みました。この変調には、主に二つの理由があります。「価格」と「環境」です。

「価格」とは、安さを売りにするシェールガスにより、皮肉にも天然ガス価格が引き下げられ採算がとれないという弊害です。シェールガスの生産には最近では五～七ドル程度のコストがかかるといわれていますが、それが四ドル台でしか売れないのですから、「掘れば掘るほど赤字」の状態が続くわけです。二〇一三年四月には米国のある採掘会社（GMX Resoueces）が資金繰りに行き詰まって破綻しました。もともとシェールガスならぬシェールオイル（頁岩層にある原油）を求めて採掘したら、一緒に天然ガスも出てきた。こうした場合に限って、原油価格が高いので原油と天然ガスを合わせてようやく採算がとれる状況なのです。

「五～七ドルぐらいまで上昇しないと、持続的な発展は難しい。米国政府も、生産量の増加は価格上昇に比例するとみている」との声をよく耳にしますが、この見解は、価格の高いシェールオイルの生産が本来の目的であって、シェールガスは余剰物という経済事情を示しています。この辺の事情は意外と日本では限られた人にしか知られていません。

変調の二つ目の理由は「環境」です。前節で詳しく述べたように、シェールガスを採掘する際には、水と細かい砂粒と化学薬品を注入します。化学薬品というのは塩酸、潤滑剤、界面活性剤などで、これらが周辺の地下水に悪影響を及ぼすと懸念する声があります。実際に米国では、人口が密集する東海岸のニューヨーク州やニュージャージー州などで、この手法による採掘が禁止されており、こうした州の規制は、環境保全への絶えざる配慮が必要であることを意味し、環境配慮への投資や各種規制がコストに反映せざるを得ません。従って、シェールガス自身は実は決して安い化石燃料ではなくなるということを再認識しておくべきでしょう。

シェールガス革命は北米以外に波及するか

米国発シェールガス革命は、北米以外の地域に普及していくのでしょうかという質問を多くの人々から受けます。そこで、アジア地域でシェールガスが多く埋蔵されている中国とインドネシアの状況について記述し、北米以外の地域に普及する可能性について言及しましょう。

シェールガス大国をめざす中国は課題山積

中国には米国を上回る世界一の埋蔵量があるといわれていますが、中国がシェールガス大国となる日が来るのでしょうか？米国エネルギー省は二〇一三年六月、世界のシェールガスの資源量についての最新の評価を公表しました。調査四一カ国中、最も多いのは中国の一一一五 Tcf です。二位にアルゼンチン、三位にアルジェリアが続き、「革命の発祥地」である米国は四位、五位がカナダと続きます。二〇一二年末時点で米国とカナダでシェールガス生産のために掘られた井戸は一一万本。これに対し、北米以外の井戸はわずかに二〇〇本以下です。従って、シェールガスとシェールオイルの生産量の九九・九％は北米に集中していることになります。このように、現在のシェールガス生産は北米だけと言っていい状況です。

各国が手をこまねいているわけではありませんが、中でも中国政府はシェールガス開発の五カ年計画を公表し、一五年に六五億m³、二〇年に六〇〇億～一〇〇〇億m³に引き上げる意欲的な生産目標を掲げています。そして、中国石油天然気（ペトロチャイナ）や中国石油化工集団（シノペック）など国有石油会社が四川省などで試験生産に着手し、政府が実施した鉱区入札には七〇社以上が参加しました。シェルやエクソンモービルなど欧米メジャー（国際石油資本）も、中国の石油大手と組んで次々と参入しています。

しかし、中国のシェールガス生産が軌道に乗るには、相当時間がかかることがわかりました。政府が掲げる一五年に六五億m³の生産目標は、中国の天然ガス消費量の数%に過ぎません。順調に推移したとしても、四〇～五〇億m³程度と推定されます。

何故中国の生産が伸びないのでしょうか？それは、資源量は机上の数字にすぎず、地質構造に問題があることや、中国のシェールガスはそんなに楽観できず、魅力的ではないことが分かってきたためです。中国のシェールガスの主要産地の一つと期待される四川省は、地質の博物館と言われるほど構造が複雑だといわれています。ガスの層も米国に比べてはるかに深い場所に存在します。シェールガスの採掘には岩盤層に高圧の水を注入し、できた割れ目からしみ出るガスを抜き取る技術が必要です。この米国の技術がそのまま通用するわけではなく、水に混ぜる物質の割合や圧力など中国の事情にあった技術が足りません。こうした技術の育成にも時間が必要です。地上も平たんな土地が広がる米国と異なり、四川省は険しい山が続きます。加えて、長い石油・天然ガス生産の歴史がある米国では国内に網の目のようにつながるパイプラインや輸送道路などインフラが完備されていますが、中国では掘り出したガスを運ぶインフラが整っていないことも、早急な開発が進まない要因となっています。

岩盤層に圧入する大量の水の確保も大きな課題です。これらの条件を考えると、中国のシェールガス生産は従来型の天然ガスに比べはるかに割高になってしまいます。さらに企業の投資意欲をそぐ要因となっているのが、政府によるガスの価格統制です。国産ガスの卸販売価格は低く抑えられているため、コスト高のシェールガス開発は後回しにならざるをえないのが現状です。

インドネシアのシェールガス開発は採掘コストが課題

北米で起きたシェールガス革命により、市場には天然ガスがあふれ、相場は急落しました。これに伴ってインドネシアのシェールガス資源はというと、これほど大きな影響をもたらすとは考えにくいのです。インドネシアではエネルギー・鉱物省が、国内のシエールガス埋蔵量を一六兆三〇〇〇億㎥と推計しているにもかかわらず、現時点で認可されている掘削契約は一件にとどまっています。

同国のシェールガス開発の根本的な問題は、従来型の天然ガスに比べて生産コストが高すぎることが指摘されています。また、インドネシアではシェールガスを含む頁岩層が北米よりもさらに深層にあるため、ガスを採掘するガス井一本当たりのコストはおよそ八〇〇万ドル（約七億九八〇〇万円）と、二〇〇万〜三〇〇万ドルという北米の水準を二倍から三倍へと大きく上回ります。北米ではシェールガスの登場がエネルギー市場に大きな影響を与えましたが、これはシェールガスに随伴して生産されるシェールオイルの市場価格が上昇しているからに過ぎません。

また、インドネシア政府は、シェールガス開発のための実用的な資金調達計画を策定していません。資源企業は政府にまず開発に有利な条件を提示してもらいたいと希望し、国営石油会社であるプルタミナは、インフラの欠如が最大の障壁だと指摘しています。ガスはパイプラインを経由するか、液化した状態でしか輸送できませんが、国営ガス供給会社の所有するパイプライン網は全長およそ五〇〇〇㎞と、四〇〇〇万㎞に及ぶ米国のパイプライン網には遠く及びません。

従って、同国のシェールガス開発が動き出すまでには、数年を要するとの見方が一般的です。他のエネルギー資源が枯渇してくる頃になって初めて、インドネシアの豊富なシェールガス資源に注目が集まることになるのでしょう。

以上、アジア地域における中国とインドネシアのシェールガス開発の可能性を述べてきましたが、実際の生産までに至るには、まだまだ時間がかかるといえます。従って、米国やカナダを中心とする北米産シェールガス生産に直接関係のある産業が世界に与える影響はあるものの、他国によるシェールガス開発単独の波及効果は、まだまだ小さなものと考えられます。

第五章　参考文献

①山田久延彦・謎の日本海底油田～なぜ石油メジャーが東京へ進出したか～（NON BOOK 祥伝社 237　１９８４）

②シェールガス革命は北米以外に波及するか（日本経済新聞、２０１４年１月14日）

ＬＮＧ年表

1959　メタンパイオニア号が米国ルイジアナ州から英国キャンベイ島までの LNG 海上輸送に成功
1964　英国の BG がアルジェリアから LNG 輸入開始
1965　フランスの GDF がアルジェリアから LNG の輸入を開始
1969　日本の東京ガスがアラスカから LNG 輸入開始
1970　ブルネイ LNG 売買契約調印
1972　アブダビ LNG 売買契約調印
1973　インドネシア LNG 売買契約調印
1983　マレーシア LNG 売買契約調印
1985　豪州北西大陸棚 LNG 売買契約調印
1992　カタール LNG 売買契約調印
1997　オマーン LNG 売買契約調印
2004　サハリン LNG 売買契約調印
三菱商事、伊藤忠商事、大阪ガスがカルハット LNG 売買契約調印
2005　豪州ダーウィン LNG 売買契約調印
内航 LNG 船が北海道ガス函館みなみ工場に初入港
内航 LNG 船が大阪ガス、四国ガス、岡山ガス向けに LNG 供給を開始
2008　インドネシアのタングーが東北電力と HOA 締結
2009　東京電力、東京ガスがサハリン LNG を初受入
2013　米国フリーポート LNG の輸出許可を取得
米国コーブポイント LNG の輸出許可を取得
2014　米国キャメロン LNG の輸出許可を取得

おわりに

二〇〇八年頃から生産量の増大が顕著となったシェールガスは、本当に世界に革命をもたらすのでしょうか、また、米国発のエネルギー・パラダイムシフトとなるのでしょうか。こうした疑問は、石油天然ガス産業に従事する関係者の心の奥底に、絶えず不確実性あるいは不安定性要素として滞留しています。今でもこの疑問は霧に包まれています。現在のところ、余剰となったシェールガスは米国内のガス価格の低減をもたらし、かつてのメキシコ湾岸および東海岸のようにＬＮＧ輸入基地を輸出基地に転用して、日本をはじめ世界各国に輸出しようとしています。このように、日本にも大きな影響を与える可能性があるだけに、よりシェールガス革命の行方が気になるところです。

こうしたなか、日本エネルギー学会天然ガス部会で共に研究活動したことのある藤田和男東京大学名誉教授にシェールガスの気になる点をお話したところ、それでは二人で協力して、シェールガスの上流部門と下流部門の両面から分析調査して、それなりの結論を導き出してみようという話になりました。その結果が、本書「シェールガスの真実

―革命か、線香花火か？―」となった次第です。

藤田教授は東京大学で資源工学を専攻され、卒業後は「アラビア石油」に入社、三〇年以上石油天然ガス開発に従事してこられた経験を持ち、その後、再び母校の東京大学に戻られましたが、一貫して石油・天然ガス資源開発工学に関する教鞭を執り、人材育成に努めてこられました。一方、私は慶應義塾大学で商業経済学を専攻し、その後「東京ガス」に入社、主としてエネルギー下流部門に従事してきました。その間、西豪州LNGプロジェクトの売買契約書の作成にも従事した経験を持ちます。

こうした上流部門と下流部門の経験者が相互に協力してシェールガスの全体像を描写することとなりました。第一章と第二章の上流部門に関する記述は藤田教授が、第三章と第四章の下流部門に関する記述は私、吉武が担当し、第五章を二人の結論としてまとめました。二人のメッセージとして、非在来型資源を追うことは、「好事魔多し」「人間万事塞翁が馬」がどこにも存在することを読者にお伝えして、筆を置くこととします。

二〇一四年五月
上海　名都城にて　　吉武　惇二

石油通信 石油通信社新書 001

シェールガスの真実

—革命か、線香花火か？—

著者　藤田 和男、吉武 惇二

2014年7月14日 第1刷発行

2014年9月12日 第2刷発行

発行者　永野 正己

発行所　㈱石油通信社

〒105-0004　東京都港区新橋2-16-1-523号

電話(03)3591-8351　FAX(03)3591-8329

info@kksekiyu.com　http://www.kksekiyu.com/

振替 00120-8-20788

印刷・製本　昭和情報プロセス㈱

東京都港区三田 5-14-3